QUE SAIS-JE ?

Darwin et le darwinisme

PATRICK TORT

Directeur de l'Institut Charles-Darwin international
Chercheur au Muséum national d'histoire naturelle
Lauréat de l'Académie des sciences

Quatrième édition corrigée
12e mille

La préparation de cet ouvrage s'est effectuée dans le cadre de l'Institut Charles-Darwin international, soutenu par le Fonds social européen.

ISBN 978-2-13-059010-1

Dépôt légal – 1re édition : 2005
4e édition corrigée : 2011, juin

6, avenue Reille, 75014 Paris

INTRODUCTION

Si le naturaliste Charles Darwin (1809-1882) a bien été reconnu, à la suite de Jean-Baptiste Lamarck (1744-1829), mais avec le bénéfice d'une approbation plus unanime, comme le principal fondateur de la théorie moderne de l'évolution des organismes, il s'en faut de beaucoup que sa pensée ait été immédiatement agréée et comprise.

Jusqu'à une époque assez récente, la théorie de la descendance modifiée par le moyen de la sélection naturelle exposée par Darwin en 1859 dans *De l'origine des espèces*, bien qu'ayant profondément transformé la conception globale de l'histoire des êtres vivants, n'a été reçue dans ses caractères les plus profondément originaux ni par les disciplines strictement biologiques ni par les sciences de l'homme et de la société.

Depuis son émergence jusqu'à nos jours, elle a fait, de surcroît, périodiquement l'objet d'appropriations illégitimes et d'applications dangereusement erronées au sein des théories économiques, sociologiques et politiques, sans égards pour les développements anthropologiques contenus en 1871 dans un autre grand ouvrage de Darwin plus rarement évoqué, et encore plus rarement lu, *La Filiation de l'Homme et la Sélection liée au sexe*.

Nos travaux antérieurs et ceux de l'équipe internationale du *Dictionnaire du darwinisme et de l'évolution*[1]

1. Patrick Tort *et al.*, *Dictionnaire du darwinisme et de l'évolution*, Paris, PUF, 1996.

ont permis d'expliciter les raisons historiques qui ont fait malheureusement confondre la théorie darwinienne avec les schèmes d'intervention théorico-politique du darwinisme social (inventé par Spencer) et de l'eugénisme (inventé par Galton) qui furent développés au cours de la période – celle des années 1860 – qui s'écoule entre la publication de *L'Origine des espèces* et celle de *La Filiation de l'Homme*.

Or, l'anthropologie darwinienne, telle que nous pensons l'avoir aujourd'hui restituée dans sa logique et dans ses formulations fondatrices, s'oppose à l'un et à l'autre – c'est-à-dire s'oppose aux dogmes ordinaires de l'élimination naturelle ou planifiée des « inaptes » –, comme elle s'oppose en même temps aux recommandations malthusiennes, aux sociologies biologiques, au racisme « scientifique », aux exactions coloniales, aux brutalités esclavagistes et à l'intégrisme libéral qui périodiquement condamne et combat toute législation protectrice en faveur des pauvres.

De cela également, le présent ouvrage, sous peine d'acquiescement tacite à des erreurs courantes dont les conséquences ont été dévastatrices, devra faire état, en permettant d'accéder, dans la pensée « mûre » de Darwin, à cette articulation inédite du biologique et du social qui permet de reconnaître en lui un penseur de la paix, et le plus consistant des « généalogistes » de la morale.

Chapitre I

LA CONSTITUTION DE LA THÉORIE DARWINIENNE

I. – Les années de formation

1809 : naissance à Shrewsbury (Shropshire, Angleterre) de Charles Robert Darwin. Petit-fils d'Erasmus Darwin (1731-1802), médecin, géologue, naturaliste, inventeur, philosophe et poète, auteur de *The Botanic Garden* (1791-1799), de *Zoonomia* (1794-1796), de *Phytologia* (1800) et de *The Temple of the Nature, or The Origin of Society* (1803), lequel avait déjà profondément remis en cause le dogme de la fixité des espèces. Fils de Robert Waring Darwin (1766-1848), médecin établi à Shrewsbury en 1787, futur membre de la *Royal Society*, et de Susannah Wedgwood, fille aînée de Josiah Wedgwood (1730-1795), célèbre céramiste et patron d'industrie. Charles est le cinquième enfant, et le cadet de deux garçons, venant après Marianne (1798-1858), Caroline (1800-1888), Susan Elizabeth (1803-1866), Erasmus Alvey (1804-1881) et précédant Emily Catherine (1810-1866).

1817 : mort de sa mère. Charles est placé pour un an dans un externat religieux à Shrewsbury. Début d'une scolarité difficile et apparition de goûts marqués de naturaliste et de collectionneur.

1818 : entrée à la « grande école » du docteur Sam Butler dans la même ville. Il y restera sept ans pensionnaire et portera sur elle un jugement constamment négatif. Il y apprend le grec et le latin, les classiques, un peu d'histoire et de géographie anciennes, avec réticence et difficulté. Il se passionne en revanche pour la pêche et la chasse (qu'il abandonnera plus tard par compassion envers les animaux), l'observation des plantes, des insectes et des oiseaux. Il acquiert progressivement le goût des poètes et de la versification, des paysages, de la géométrie et de la chimie expérimentale. Il éprouve une grande admiration morale et intellectuelle pour son père, homme d'une corpulence imposante et dont la mémoire, la générosité, l'intuition psychologique et la « puissance de sympathie » l'impressionnent.

1825 : Charles s'inscrit le 22 octobre à l'université d'Édimbourg en vue d'études médicales, sur les traces de son frère Erasmus qui les y achève, et en compagnie duquel il s'est déjà livré à des expérimentations chimiques. Il y passera deux ans, ne s'intéressant qu'aux cours de chimie de Thomas Charles Hope (1766-1844), éprouvant pour le reste ennui et dégoût, singulièrement devant la dissection, ce qu'il regrettera vivement plus tard. Il se lie avec Robert Edmond Grant (1793-1874), de 16 ans son aîné. Brillant naturaliste passionné par la zoologie marine, ce dernier, adepte de Lamarck, lui expose « ses vues sur l'évolution », lesquelles, si l'on en croit les souvenirs de Darwin, laissent le jeune auditeur aussi sceptique que celles de son grand-père Erasmus. Charles n'a décidément aucun penchant pour la médecine. Seules l'intéressent les sciences naturelles. Il parvient, en 1826, poussé par Grant, à faire deux brèves communications devant la *Plinian Society* de l'université sur des questions de zoologie marine. Ses visites, agrémentées de parties de chasse, à Maer, dans la famille de son oncle Josiah Wedgwood fils, sont ses loisirs préférés.

1827 : Charles s'inscrit à l'université de Cambridge, décidé par obéissance filiale, mais sans amertume, à entreprendre une carrière de pasteur de campagne propre à lui laisser le temps de se livrer à sa passion de naturaliste. Ayant presque tout oublié de ses études classiques, il travaille chez lui avec un précepteur et ne rejoint Cambridge qu'au début de 1828. Il y restera trois ans, résistant par manque d'intérêt à la plupart des enseignements imposés, mais étudiant avec un grand plaisir la géométrie d'Euclide ainsi que les *Principles of Moral and Political Philosophy*, les *Evidences of Christianity* et la *Natural Theology* de William Paley (1743-1805), tout en préparant avec soin son diplôme. Il s'intéresse vivement, chez Paley, à l'explication des harmonies de la nature par l'infinie sagesse du Créateur – un providentialisme dont il commencera à s'éloigner dix ans plus tard. Il s'intéresse encore bien davantage aux Coléoptères, qu'il collectionne avec un soin apprécié des spécialistes. Il suit les cours de botanique de John Stevens Henslow (1796-1861), dont il devient l'ami, le compagnon de promenade et l'invité régulier. Il fréquente ses soirées, où il rencontre notamment le philosophe, théologien, mathématicien et théoricien des sciences William Whewell (1795-1866), ainsi que le naturaliste Leonard Jenyns (1800-1893). Il lit avec un intérêt profond la relation historique du *Voyage* d'Alexander von Humboldt (1769-1859), qui le fera rêver et l'accompagnera longtemps.

1831 : au mois de janvier, Charles reçoit son diplôme final de « Bachelor of Arts ». Henslow le convainc d'étudier vraiment la géologie, ce qu'il commence à faire dès son retour dans le Shropshire. Henslow obtient d'Adam Sedgwick (1785-1873), professeur de géologie à Cambridge, que Charles l'accompagne dans un voyage d'études au nord du pays de Galles. Revenu de cette excursion, Charles trouve une lettre de Henslow lui proposant d'embarquer, à titre de naturaliste sans traitement, sur le *HMS Beagle*, navire en partance pour un voyage le long des côtes de l'Amérique du Sud afin d'achever leur relevé hydrographique. Le navire est commandé par le jeune capitaine Robert FitzRoy (1805-1865), de 4 ans l'aîné de Charles, *tory* (conservateur) aux convictions religieuses radicales et défenseur occasionnel de l'esclavage, à l'opposé de son futur compagnon de cabine, libéral abolitionniste qui à son retour se débarrassera de plus en plus nettement des articles de foi du christianisme et de la croyance en un dieu créateur. Après de longues discussions avec son père, et soutenu par son oncle Josiah, Charles s'embarque avec du matériel de naturaliste et une bibliothèque scientifique choisie – où figure le premier volume des *Principles of Geology* de Charles Lyell (1797-1875), promoteur en géologie de l'*uniformitarisme* (l'actualisme des géologues continentaux). Cette nouvelle théorie rejette la doctrine théologique des catastrophes globales et privilégie le rôle des « causes actuelles », quotidiennement agissantes, constamment observables et accumulées au cours d'immenses durées – le rôle du temps se substituant aux cataclysmes et aux miracles – dans le modelage de l'écorce terrestre. On n'a pas assez insisté jusqu'ici sur l'importance de cette réforme profonde de la géologie pour la formation de la pensée de Darwin. La future théorie des petites variations accumulées au cours de périodes longues (le « gradualisme » darwinien), en tant qu'« actualisme » biologique, est sans nul doute fortement redevable de ses intuitions premières à l'uniformitarisme de Lyell.

Ce voyage, qui durera presque cinq ans, fera du jeune Charles un naturaliste expérimenté et l'initiateur des théories modernes de la formation et de l'évolution des espèces vivantes. Il en publiera lui-même en 1839, puis en 1845, le récit détaillé, dont sont extraits les faits et observations suivants.

II. – Principales étapes et observations du voyage sur le *Beagle*

1831, 27 décembre : départ de Devonport (Plymouth).

1832, 16 janvier : Porto Praia (île de São Tiago, Cap-Vert). Examinant cette île volcanique, Darwin vérifie la justesse des idées de Lyell sur ce type de formation : soulèvement *(surrection)*, puis affaissement graduel *(subsidence)* autour des cratères. L'idée d'une équilibration compensatoire des mouvements du sol paraît confirmée.

4 avril : Rio de Janeiro. Du 8 au 23 avril, voyage terrestre. Réflexions douloureuses sur l'esclavage des Noirs.

22 septembre : premières découvertes de fossiles à Punta Alta (province de Buenos Aires).

14 novembre : Montevideo, jusqu'au 27 novembre. Darwin y reçoit le second volume des *Principles of Geology* de Lyell, comprenant son exposé en forme de réfutation des idées de Lamarck.

16 décembre : Terre de Feu.

1833, 1er mars : îles Falkland, jusqu'au 6 avril.

3 août : à Punta Alta (Argentine), Darwin découvre, dans du gravier stratifié et de la boue rougeâtre, une grande quantité de vestiges de Mammifères du Quaternaire argentin ; il est frappé par la remarquable ressemblance morphologique entre les grands tatous fossiles et les « Armadillos » contemporains. La présence conjointe de coquilles très semblables aux coquilles actuelles confirme la validité des idées de Lyell sur la longévité inférieure des espèces de Mammifères par rapport à celle des espèces de Mollusques.

27 septembre : voyage par terre de Buenos Aires à Santa Fe, le long du Paraná, jusqu'au 4 octobre, et retour à Buenos Aires le 20 octobre. Au cours de ce voyage, Darwin, qui observe à nouveau des restes de Mammifères terrestres, se livre à une réflexion fondamentale sur la distribution géographique et les migrations des animaux, comprenant en particulier le rôle des barrières physiques dans la délimitation des provinces zoologiques et la diversification des faunes.

14 novembre : voyage par terre jusqu'à Mercedes, sur le Río Negro. Observation des bœufs d'élevage *ñatos*, handicapés en période sèche par la conformation de leur museau. Retour le 28 novembre.

1834, 9 janvier : Puerto San Julián (côte de Patagonie), jusqu'au 19 janvier. Hypothèses sur les périodes de la formation géologique de la Patagonie. Découverte, dans la boue rouge recouvrant le gravier de la plaine, à 90 pieds au-dessus du niveau marin, de la moitié d'un squelette de *Macrauchenia patachonica*, quadrupède de la taille du chameau. Coquillages marins récents sur deux plaines plus élevées. Déduction de l'existence encore plus récente de *Macrauchenia*. Réflexion capitale de Darwin, préfigurant les développements ultérieurs de la théorie de la descendance, sur les relations visibles de parenté entre les espèces vivantes et fossiles de Mammifères d'Amérique du Sud. Réflexion très importante également sur les causes de l'extinction relativement récente des grands animaux retrouvés à l'état fossile. Évocation et rejet de l'hypothèse d'une catastrophe, qui, compte tenu de l'étendue concernée, aurait dû ébranler le globe d'une façon plus profonde, et qui est contredite en outre par l'observation du caractère graduel des changements géologiques dans les régions de La Plata et de la Patagonie. À cet endroit précis du récit de Darwin (*Voyage*, 2e éd., 1845) se trouve la mention sans équivoque de sa lecture de Malthus, faite en septembre-octobre 1838, et rétroactivement introduite dans ce passage conjectural sur les causes de l'extinction des espèces. Darwin y évoque le « frein » nécessaire pour empêcher la multiplication trop rapide de tous les êtres organisés vivant à l'état naturel : « La provision de nourriture, en moyenne, demeure constante ; toutefois, chez chaque animal, la tendance à l'accroissement reproductif est géométrique. »[1] Reste à déterminer, dans la vie d'une espèce, le moment où un tel frein commence à opérer et sa nature véritable. « D'où probablement le fait », poursuit Darwin, « que nous éprouvions si peu de surprise en voyant que, de deux espèces étroitement proches dans leurs habitudes, l'une est rare et l'autre est abondante au sein de la même région ». Ce simple énoncé, qui prédit les effets de la concurrence entre espèces proches vivant sur un même territoire, montre qu'au retour de son voyage Darwin possédait, compte

1. Charles Darwin, *Voyage d'un naturaliste*, 2e éd. (1845).

tenu de sa lecture de Malthus durant l'automne de 1838, les clés de la future théorie de la sélection naturelle. Quant à l'extinction, elle est toujours précédée selon lui d'une raréfaction, indice de conditions d'existence moins favorables pour l'espèce, ce qui plaide en faveur des processus graduels. C'est également en Patagonie que Darwin observera le cas de deux espèces de nandous (*Rhea americana* et *Rhea darwinii*, plus petit et qui sera spécifiquement distingué sous ce nom par l'ornithologue John Gould) habitant respectivement les parties septentrionale et méridionale du territoire.

26 janvier : détroit de Magellan.

17 février : Terre de Feu.

10 mars : îles Falkland.

18 avril-8 mai : remontée du Santa Cruz et retour.

11 juin : entrée dans le Pacifique.

28 juin : île Chiloé, jusqu'au 14 juillet.

23 juillet : Valparaiso (Chili), jusqu'au 10 novembre. Voyage au pied des Andes (14 août-27 septembre).

21 novembre : Chiloé. Exploration de l'archipel.

1835, 8 février : Valdivia. Excursion jusqu'au 14. Tremblement de terre le 20. Brutale surélévation du sol sur une vaste distance. Confirmation de l'idée de la surrection continentale et hypothèse sur la formation des chaînes de montagnes.

4 mars : île de Concepción.

11 mars : Valparaiso.

13 mars : Darwin se rend à Santiago, d'où il part le 18 pour une traversée des Andes jusqu'à Mendoza. La vue des terrasses de galets qui s'étendent de part et d'autre des grandes vallées de la Cordillère confirme sa théorie de l'élévation graduelle du sol. Retour à Santiago le 10 avril, puis à Valparaiso. Darwin constate

une concordance entre les différenciations spécifiques présentées par les animaux (notamment les quadrupèdes, et en particulier les souris) et l'âge de la barrière des Andes.

27 avril : voyage par terre à Coquimbo et Copiapó. Darwin observe les terrasses de galets (17 mai). La haute plaine de Coquimbo est emplie de coquilles fossiles très proches de celles des plages. Excursion dans la Cordillère. Le 4 juillet, le *Beagle* rejoint Darwin sur la côte.

12 juillet : Pérou.

16 septembre : archipel des Galápagos, jusqu'au 20 octobre. Darwin rapporte de cet archipel océanique des observations botaniques et zoologiques capitales pour l'élaboration de sa future théorie transformiste – notamment sur différentes espèces, qu'il prend alors pour de simples variétés, de « pinsons » insulaires, sur les iguanes marins et terrestres, et sur les tortues, trop rapidement vues –, observations qu'il n'interprétera que plus tard.

9 novembre : Archipel Dangereux *(Low Islands)*. Il voit pour la première fois un récif de corail. Il en étudiera la structure l'année suivante à l'île Keeling.

15 novembre : Tahiti.

21 décembre : Nouvelle-Zélande.

1836, 12 janvier : Sydney (Australie).

5 février : Hobart Town (Tasmanie).

1er avril : île Keeling (ou île des Cocos). Il se livre enfin à l'étude approfondie d'un atoll.

29 avril : Port-Louis (île Maurice).

31 mai : cap de Bonne-Espérance.

8 juillet : île de Sainte-Hélène.

19 juillet : île de l'Ascension.

1er août : Bahia (Brésil).
12-19 août : Pernambouc (Brésil).
31 août : Porto Praia (archipel du Cap-Vert).
19-24 septembre : six jours aux Açores.
2 octobre : arrivée à Falmouth, Angleterre.

III. – Conséquences scientifiques du voyage

Lors de son retour en Angleterre, Darwin, qui n'a cessé de correspondre avec ses aînés (en particulier Henslow, relais de ses observations auprès des sociétés savantes, et Sedgwick, heureux de lui prédire un brillant avenir d'homme de science), possède l'essentiel des éléments qui, une fois réinterprétés, reliés et mis en ordre, constitueront les points d'ancrage de sa théorie. Il a confirmé la validité des thèses uniformitaristes en géologie, et l'a illustrée par l'étude des îles volcaniques, par une intelligence nouvelle du mécanisme de formation des récifs coralliens, ainsi que par la vérification de l'alternance compensatoire entre élévation et affaissement du sol. Il a perçu l'influence universelle des facteurs climatiques. Il a observé et reconnu les phénomènes de distribution géographique des organismes et noté la fonction probable des barrières d'isolement extrinsèque. Il a souligné la ressemblance, sur un même territoire, entre espèces vivantes d'un même genre, et entre espèces vivantes et fossiles. Il a noté la variation des animaux domestiques sous l'action de la domestication. Il a étudié l'acclimatation des espèces de végétaux cultivés. Il a constaté l'action positive et négative, voire destructrice, de l'Homme sur la nature et ses équilibres initiaux. Il a pris définitivement conscience des inter-actions entre les êtres vivants, et des chaînes alimentaires. Il a réfléchi sur les migrations des organismes et sur les modes de transport des individus ou des semences. Il a effleuré aux Galápagos la question des spéciations insulaires et des adaptations aux conditions locales. Il a éprouvé à la fin de 1838 la nécessité logique de la concurrence vitale intra- et interspécifique comme mécanisme régulateur assurant les équilibres populationnels sur des territoires aux dimensions et aux ressources limitées. Il a observé enfin la diversité des coutumes, des croyances et des comportements humains (ce qui installera chez lui un puissant relativisme), il a constaté que les sauvages sont hautement civilisables (appréciant l'écart vertigineux séparant les Fuégiens gesticulant sur la plage de ceux, acculturés, que le *Beagle* raccompagnait sur leur terre natale), et il a ressenti avec horreur l'esclavage, institutionnalisé, en particulier au Brésil.

La publication des résultats de son voyage, qui mobilise plusieurs spécialistes – Richard Owen (1804-1892) pour les Mammifères fossiles, George Robert Waterhouse (1810-1888) pour les Mammifères, John Gould (1804-1881) pour les oiseaux, Leonard Jenyns pour les poissons, Thomas Bell (1792-1880) pour les reptiles –, ainsi que celle de ses monographies personnelles et de son propre journal vont désormais occuper Darwin.

1837 : Darwin, nouveau membre de la *Geological Society of London* (où il fait plusieurs communications, ainsi qu'à la *Zoological Society*), s'installe à Londres et, tandis que la reine Victoria monte sur le trône d'Angleterre, prépare la publication de son journal de voyage. L'expertise ornithologique de Gould a montré que les « pinsons » des Galápagos *(Geospizinae)* rapportés sur le *Beagle* sont en réalité de véritables espèces et non de simples variétés, ce qui stimule l'interprétation transformiste du jeune naturaliste, lequel commence en juillet à remplir son premier carnet de notes sur la « transmutation » des espèces et entame un programme étendu et diversifié de lectures dans l'ensemble des sciences naturelles et humaines.

1838 : Darwin travaille sur la zoologie et la géologie du voyage. Élu le 16 février secrétaire de la *Geological Society*, il étudie les « routes parallèles » de Glen Roy (Écosse) et publie une interprétation malheureuse de leur origine. Il s'attaque à la mise en forme de son travail sur les récifs coralliens, s'intéresse à la psychologie, aux instincts, à l'expression, au comportement animal, à la métaphysique et à la morale.

IV. – L'épisode Malthus

C'est à cette époque que prend place un événement souvent commenté du cheminement intellectuel de Darwin : sa lecture de Malthus. Il en rend compte ainsi dans son *Autobiographie* :

« Après mon retour en Angleterre, il m'apparut qu'en suivant l'exemple de Lyell en géologie et en recueillant tous les faits qui, d'une quelconque manière, avaient trait à la variation des animaux et des plantes à l'état domestique et à l'état naturel, on pourrait peut-être jeter quelque lumière sur l'ensemble du sujet. J'ouvris mon premier carnet de notes en juillet 1837. Je travaillais suivant les véritables principes baconiens, et, sans aucune théorie, je fis une récolte massive de faits, plus spécialement tournée vers les productions domestiques, par le biais de questionnaires imprimés, de conversations avec des éleveurs et des jardiniers habiles, et de lectures étendues. Quand je vois la liste des livres de toute sorte que j'ai lus et résumés, y compris la série entière des journaux et des comptes rendus de sociétés savantes, je suis surpris de mon industrie. J'aperçus bientôt que la sélection était la clé de voûte de la réussite de l'homme en matière de production de races utiles d'animaux et de plantes. Mais la manière dont la sélection pouvait s'appliquer à des organismes vivant à l'état de nature demeura pendant un bon moment un mystère pour moi.

« En octobre 1838, c'est-à-dire quinze mois après que j'eus commencé mon enquête systématique, il m'arriva de lire, pour me distraire, l'essai de Malthus sur la *Population* ; et comme j'étais bien préparé, du fait de mes observations prolongées sur les habitudes des animaux et des plantes, à apprécier la présence universelle de la lutte pour l'existence, je fus soudain frappé par l'idée que dans ces circonstances, les variations favorables auraient tendance à être préservées, et les défavorables à être anéanties. Le résultat de cela serait la formation de nouvelles espèces. J'avais donc trouvé là, enfin, une théorie pour travailler ; mais j'étais si anxieux d'éviter les idées préconçues que je décidai de n'en pas écrire la plus courte esquisse avant un bon moment. »

La lecture de l'*Essay on the Principle of Population* (dont la première publication remonte à 1798) provoque chez Darwin, pour emprunter une image à la chimie, une sorte de « précipité » théorique. Il n'y découvre pas, absolument, l'idée de concurrence vitale, déjà approchée par Augustin-Pyramus de Candolle (1778-1841), qu'il a lu. *A fortiori*, il n'y découvre pas non plus l'idée de variation interindividuelle, qui lui est depuis longtemps familière. Il y découvre davantage peut-être une formalisation des conséquences éliminatoires de la compétition, bien que, avant Malthus, le R. P. Joseph Townsend (1739-1816) en eût formulé une version clairement anticipative, résumée par Nora Barlow – la petite-fille de Darwin – dans la première *Annexe* de l'*Autobiographie* du naturaliste :

« Dans la sphère de l'histoire sociale, avant que Malthus n'eût acquis pour ses vues la reconnaissance du public, d'autres que lui observaient comment la lutte pour l'existence affectait réellement les populations. Dans son *Histoire du peuple anglais*, Halévy renvoie à un obscur pamphlet au sujet des Lois sur les Pauvres, écrit en 1786 par un "bienveillant ami de l'humanité". L'écrivain, le R. P. M. Townsend, blâme les Lois sur les Pauvres, car elles préservent le faible aux dépens du fort, avec toutes les implications qui tiennent au travail de la sélection naturelle. Il utilise l'analogie des populations de chèvres et de lévriers sur l'île de Juan-Fernández, dont parle Dampier. Les chèvres au début étaient les seules occupantes et atteignaient un niveau de subsistance en dépit de quelques maladies et des incursions des corsaires anglais. Puis les Espagnols mirent sur l'île un couple de lévriers pour exterminer les chèvres et ennuyer les Anglais. Ces lévriers "augmentèrent à proportion de la quantité de nourriture qu'ils trouvaient". Les chèvres diminuèrent en nombre et se retirèrent sur les rochers, et un nouvel équilibre s'installa : « Les plus faibles des deux espèces furent parmi les premiers à payer le tribut de la nature, les plus actifs et les plus vigoureux préservèrent leur vie. C'est la quantité de nourriture qui régule l'effectif de l'espèce humaine… le faible doit dépendre de la libéralité précaire du fort… »

Ce que rapporte Nora Barlow, c'est, presque un siècle avant la lettre, la naissance du « darwinisme social » tel qu'il sera impitoyablement développé par Herbert Spencer (1820-1903), lui aussi lecteur du pasteur Malthus. La vision libérale extrême de l'économie et de la société puise un modèle dans la nature (en l'occurrence dans le règne animal, et plus précisément ici chez des animaux domestiques retournés à l'état de nature) pour l'exporter dans l'analyse de la société des hommes afin d'y argumenter en faveur de la naturalité des rapports de compétition-élimination.

Or, Darwin fera la démarche inverse : partant de la modélisation malthusienne, qui concerne les sociétés humaines (distorsion entre croissance géométrique de la population et croissance seulement arithmétique des ressources), il en appliquera d'abord les conséquences dynamiques aux règnes végétal et animal, mais en refusera ensuite l'application aux sociétés humaines civilisées en retournant contre Malthus, dans *La Filiation de l'Homme* (1871), le principe même dont ce dernier lui a fait apercevoir l'importance dans la nature.

Il serait vain de chercher à minimiser l'importance déterminante de la lecture de Malthus par Darwin. Outre que l'on n'est jamais fondé à mettre en doute l'aveu spontané d'un emprunt théorique ou conceptuel, un élément factuel vient confirmer l'importance des structures logiques du malthusianisme dans la formation de la théorie sélective. Dans son autobiographie publiée en 1905, l'autre inventeur de la théorie de la descendance modifiée par le moyen de la sélection naturelle, Alfred Russel Wallace (1823-1913), raconte que souffrant d'un accès de fièvre au cours d'une expédition en Asie tropicale, il s'est ressouvenu des *Principes* de Malthus (il semble confondre les *Principes* et l'*Essai*) et s'est mis à réfléchir sur son analyse si claire des freins positifs à la croissance :

« La plupart des animaux se reproduisant bien plus rapidement que l'homme, ces freins doivent provoquer chaque année des hécatombes animales énormes afin de contenir dans les limites appropriées le nombre des individus de chaque espèce. Et la réponse était manifestement : ce sont dans l'ensemble les plus aptes qui vivent (...). Il m'apparut soudain comme un éclair que ce processus automatique aurait nécessairement pour effet d'améliorer la race, puisque chaque génération verrait inévitablement la mort des inférieurs et la survie des supérieurs. »[1]

Il est vrai également que Darwin a reconnu par ailleurs la présence de l'idée de la lutte pour la vie *(struggle for life)* chez Augustin-Pyramus de Candolle, Charles Lyell et William Herbert (1778-1847), comme l'indiquent expressément une lettre à Asa Gray datée du 5 septembre 1857 et le deuxième paragraphe du troisième chapitre de *L'Origine*.

Darwin, bien avant Wallace, a ressenti cet « éclair » théorique émanant d'un auteur qui s'énonçait encore au sein du cadre providentialiste d'une *théologie naturelle construisant une théologie sociale* – ces mécanismes de régulation étant pour Malthus les moyens dont se servirait Dieu pour inciter les hommes à peupler et à cultiver la Terre. Ayant appliqué ce modèle, dégagé de toute théologie, à la nature, Darwin le rejettera comme inapplicable dans l'état de civilisation, pour des raisons à la fois (et indissociablement) évolutives et éthiques, comme nous le verrons plus loin (chap. VI). Il est radicalement faux que Darwin ait emprunté à Malthus d'autres éléments (qui seraient de l'ordre d'une « philosophie » générale de la vie et de la société) que celui de

1. Cité par J. Dupâquier dans l'article « Malthus » du *Dictionnaire du darwinisme et de l'évolution*, Paris, PUF, 1996.

cette modélisation dont il trouve lui-même immédiatement le véritable champ d'application : la « nature », et non la société. Il y aura gagné un outil de travail, ainsi qu'une conscience claire de l'importance des variations individuelles susceptibles de favoriser certains organismes au sein de circonstances et d'un milieu donnés.

V. – Les années d'élaboration

En 1839, Darwin, qui a été élu le 24 janvier membre de la *Royal Society of London*, épouse cinq jours plus tard sa cousine germaine Emma Wedgwood, fille de son oncle Josiah, laquelle met au monde leur premier enfant (William Erasmus) le 27 décembre. C'est à cette époque que Darwin se met à observer le comportement infantile. S'il soutient en février une mauvaise interprétation (celle de l'origine marine) des terrasses de Glen Roy, qu'il abandonnera plus tard en faveur de la thèse glaciaire de Louis Agassiz (1807-1873), Darwin obtient en revanche un grand succès avec la publication, le 15 août, de son *Journal of Researches*. Il rencontre le jeune botaniste Joseph Dalton Hooker (1817-1911), qui sera par la suite son ami et son interlocuteur le plus proche, avant le départ de ce dernier pour l'Antarctique. Il veille à l'édition des fascicules de la *Zoology*, lit des ouvrages sur la génération (Johann Friedrich Blumenbach [1752-1840]), sur la reproduction animale (Lazzaro Spallanzani [1729-1799]), sur l'instinct (Algernon Wells), sur l'éthique (James Mackintosh [1765-1832]), ainsi que le premier volume (1794) de la *Zoonomia* de son grand-père Erasmus et le second volume de la *Philosophie zoologique* de Lamarck. Entre janvier et mai, il diffuse un questionnaire sur l'élevage des animaux qui élargit une enquête commencée un an plus tôt. Sa mauvaise santé (il a contracté la maladie de Chagas en Amérique du Sud) rend son travail lent et pénible. L'année 1840 sera consacrée malgré cela à poursuivre le travail en cours sur les espèces et à lire Johannes Müller (1801-1858) sur la physiologie, Henry Holland (1788-1873) sur la médecine, Erasmus Darwin sur la phytologie, Spallanzani sur la génération, Charles Bell (1774-1842) sur l'expression, William Buckland (1784-1856) sur la géologie, et John Fleming (1785-1857) sur la philosophie de la zoologie, ainsi que de nombreux récits de voyages et ouvrages d'histoire et de littérature. L'année suivante, il s'intéresse aux développements du Suédois Carl von Linné (1707-1778) sur la philosophie botanique, tandis qu'il poursuit ses travaux géologiques et commence à publier sur la pollinisation.

En 1842, après avoir lu *The Botanic Garden* et *The Temple of Nature* de son grand-père Erasmus, il achève la première esquisse *(sketch)* de son travail sur les espèces[1]. Il publie son ouvrage sur les récifs coralliens, *The Structure and Distribution of Coral Reefs*, premier volume de la *Geology* du Voyage, expliquant la formation des atolls : « Dans un premier temps, écrit à ce propos Charles Devillers[2], un volcan émergé s'entoure d'un récif frangeant ; si le fond marin s'abaisse progressivement, la base du récif meurt peu à peu (les Coraux ne pouvant se développer au-dessous de 80 m

1. Charles Darwin, *Esquisse au crayon de ma théorie des espèces (Essai de 1842)*, Vol. 10 des *Œuvres complètes de Darwin*, éd. Tort, Travaux de l'Institut Charles Darwin International, Genève, Slatkine, 2007.

2. Charles Devilliers, art. « Récifs coralliens » du *Dictionnaire du darwinisme et de l'évolution*, Paris, PUF, 1996.

en raison du manque de lumière), tandis que sur le sommet s'installent de nouveaux coraux qui d'une part compensent l'enfoncement et d'autre part élargissent le diamètre du récif. Si un équilibre se maintient entre enfoncement et exhaussement, le récif devient peu à peu une barrière séparée de la pointe du volcan par un chenal. Lorsque, finalement, la montagne disparaîtra sous les eaux, sur son emplacement subsistera un atoll avec son lagon. En conclusion, barrières et atolls se développent dans les zones d'affaissement de fonds marins, tandis que les frangeants occupent des zones stables ou en soulèvement. »

Le 17 septembre 1842, la famille Darwin, qui verra une petite fille, Mary Eleanor, naître et mourir entre le 23 de ce même mois et le 16 octobre, s'établit à Downe, petit village au Sud-Est de Londres. Une autre fille, Henrietta Emma, naîtra le 25 septembre 1843, année de la mort de Josiah Wedgwood et du début de l'amitié de Darwin avec Joseph Dalton Hooker. Darwin relit Paley, réfléchit sur la variation, publie sur l'origine des fleurs doubles. En 1844, il achève son *Essay* sur la théorie des espèces (seconde esquisse), qu'il recommande aux soins de son ami Hooker, craignant que sa mauvaise santé ne lui interdise de terminer son œuvre. Il publie en mars un volume sur les îles volcaniques, poursuit et achève son travail sur la géologie de l'Amérique du Sud, qui paraît fin 1846, plus d'un an après la parution de la deuxième édition du *Voyage*. Il s'attaque ensuite à une monographie sur les Cirripèdes, qui l'occupera jusqu'à sa publication, en 1851 (année de la mort de sa fille Anne Elizabeth, dite Annie, âgée de 10 ans) et 1854. En 1855 et 1856, il travaille sur la distribution géographique des organismes, parallèlement aux recherches de Wallace (qui publie en septembre 1855 dans *Annals and Magazine of Natural History* son « Essay on the Law which Has Regulated the Introduction of New Species ») sur le même sujet. Lyell, au début de l'année 1856, conscient du risque couru par Darwin de se voir ravir une légitime priorité, l'incite à publier sa théorie. Darwin prépare alors le texte qui va aboutir, une fois allégé, à *L'Origine des espèces*. Après la réception, le 18 juin 1858, d'un manuscrit de Wallace intitulé « On the Tendency of Varieties to Depart Indefinitely from the Original Type », où l'évolution par sélection naturelle se trouve nettement thématisée, Darwin, fort de sa réelle antériorité et soutenu par l'amitié de Charles Lyell, de Joseph Dalton Hooker et de Thomas Henry Huxley, laisse les deux premiers organiser une communication de textes de lui-même et de Wallace devant la *Linnean Society of London*, le 1er juillet 1858. La très grande estime réciproque des deux hommes et leur rigueur morale exemplaire relativement au partage de la découverte l'ont emporté sur toute tentation de querelle. Wallace sera désormais un allié solide dans la défense de la théorie commune. Darwin prépare alors le résumé de son énorme manuscrit inachevé sur les espèces et le publie le 24 novembre 1859 sous le titre *On the Origin of Species by Means of Natural Selection, or The Preservation of Favoured Races in the Struggle for Life*. Plus de vingt années ont passé depuis ses premières intuitions. La première édition est épuisée dès sa mise en vente. Prudent, Darwin accentue, dans la seconde édition, sa mention du Créateur, bien que sa pensée ait déjà rompu avec les convictions religieuses et la théologie naturelle providentialiste qui ont dominé ses années d'apprentissage. En outre, la publication anonyme du géologue amateur

Robert Chambers (1802-1871), *Vestiges of the Natural History of Creation* (1844), revendiquant un évolutionnisme cosmique progressionniste heurtant le dogme, et de type partiellement lamarckien, avait suscité des réactions parfois violentes dans un milieu scientifique qui s'en tenait soit au dogme de la Création, soit à sa réinterprétation en termes d'archétypes par Richard Owen.

Au cours de cette période qui correspond à la mise au point de la théorie sélective proprement dite, Darwin et son épouse ont achevé de fonder leur famille : George Howard, qui s'occupera d'astronomie et de mathématiques (et prêtera son aide à son père dans ses recherches sur la consanguinité), est né en 1845 ; Elizabeth en 1847 ; Francis, futur botaniste, qui sera l'élève de Julius von Sachs (1832-1897) en physiologie des plantes, ainsi que le collaborateur et biographe de son père, en 1848 ; Leonard, futur militaire un peu économiste qui se reconvertira dans l'activisme eugéniste galtonien, en 1850 ; Horace, futur ingénieur et constructeur d'instruments scientifiques, en 1851, et Charles Waring, très probablement atteint du « syndrome de Down » (Trisomie 21), qui ne vivra que dix-huit mois, en 1856. Depuis 1839, dix enfants sont nés et trois sont morts. La pensée et l'œuvre de Darwin ont grandi dans la douleur, celle de la maladie et celle du deuil, et l'on ne peut s'empêcher de penser que l'attention extrême qu'il témoignera constamment au problème des unions consanguines et de leurs conséquences souvent néfastes a été grandement favorisée par des épreuves personnelles qu'il pouvait attribuer au fait d'avoir fait de sa cousine germaine, pour laquelle il éprouva toujours tendresse, reconnaissance et respect, la mère de ses enfants.

Chapitre II

L'ORIGINE DES ESPÈCES ET LA SÉLECTION NATURELLE

L'idée que les espèces vivantes dérivent les unes des autres à travers des variations transmises par voie de génération a mis exactement un demi-siècle – entre la publication de la *Philosophie zoologique* de Lamarck (1809), ouvrage qui n'est pas le premier, mais seulement le plus célèbre des écrits transformistes du naturaliste français, et celle de *L'Origine des espèces* (1859) de Darwin – à élaborer les fondements du transformisme moderne.

I. – Variation domestique et sélection artificielle

L'observation de la variabilité naturelle des organismes – matérialisée au niveau le plus simple par les différences interindividuelles – et de la transmission de variations organiques d'une plus grande amplitude chez des animaux et des plantes vivant à l'état domestique semble avoir été le point de départ de la construction par Darwin de sa théorie de la filiation des espèces.

En effet, si l'on s'en remet, sans entrer ici dans des discussions de détail, aux indications fournies par Darwin lui-même, la genèse intellectuelle du concept de sélection naturelle ne peut, pour une part significative, être véritablement comprise qu'en tenant compte du point d'appui que constituait l'existence, attestée par ses produits, de la sélection *artificielle* pratiquée par les éleveurs et les horticulteurs, capables depuis longtemps, suivant des recettes empiriques de contrôle de la reproduction, de « créer » de nouvelles « races » par tri méthodique et consolidation héréditaire de variations fortuitement apparues au sein de groupes d'individus conspécifiques vivant et se multipliant dans des conditions domestiques.

Au début du chapitre IV de *L'Origine des espèces*, Darwin formule en termes clairs la question à laquelle ce chapitre clé a pour mission de répondre : « Est-ce que le principe de la sélection, dont nous avons vu qu'il est si puissant entre les mains de l'homme, peut s'appliquer au sein de la nature ? »

Tout commence par la *variation*, qui affecte l'individu organique vivant dans la nature ou à l'état domestique. Darwin, après d'autres observateurs, fait remarquer que dans ce dernier cas la variabilité est plus grande et comme activée par la domestication elle-même. Un tel fait, régulièrement observable, est sans nul doute à rapporter au type d'attention ou d'intention – plus ou moins consciente – qui anime le comportement de l'éleveur ou de l'horticulteur à l'égard des êtres dont il surveille et oriente la reproduction. En particulier, le changement intentionnel et répété des conditions de la captivité, de l'entretien ou de la culture accroît cette variabilité. Mais, ajoute Darwin, « de pareils changements de conditions ont pu survenir, et surviennent, dans la nature ».

La question des *causes* des variations, des déterminants biologiques intimes de leur surgissement apparemment fortuit, demeure pour Darwin une énigme. Mais c'est une énigme repérée, circonscrite à la manière d'une zone de non-savoir temporaire destinée à être occupée dans l'avenir par la connaissance, jugée indispensable, des lois de l'hérédité.

Cette ignorance provisoire du déterminisme secret des variations n'est d'ailleurs nullement paralysante pour la construction d'une théorie qui s'appuie essentiellement sur le *fait* global de la variation, fait d'observation courante dans l'univers de la domestication et fait d'observation – moins aisée sans doute, mais tout aussi réelle et, en tout état de cause, certitude inductive – en milieu naturel. Car, comme l'écrira Darwin en 1868 dans l'introduction de *La Variation des animaux et des plantes à l'état domestique* : « Si les êtres organiques n'avaient pas possédé une tendance inhérente à la variation, l'homme n'aurait rien pu faire. »

Par ailleurs, le surgissement d'une variation pose la question de sa compatibilité avec cet ensemble, à régulation complexe, de composantes organiques et inorganiques constamment interagissantes que l'on nomme le *milieu*, idée enracinée chez Darwin depuis l'époque du voyage.

II. – La théorie de la variation en 1859

Le premier chapitre de *L'Origine* s'intitule « De la variation des espèces à l'état domestique » et commence par interroger, dès son premier paragraphe, les causes probables de la variabilité. Il y est rappelé que la variation est plus forte, à l'intérieur d'une même variété ou sous-variété, entre les individus de domestication ancienne qu'entre les individus appartenant à une espèce ou à une variété naturelle. Quant à cela, Darwin épouse les conclusions d'une observation depuis longtemps reçue par les naturalistes comme par la conscience commune, et il est frappant de relever à la fois la simplicité du propos et le caractère « buffonien » de la première page de l'ouvrage de 1859. Darwin cite l'opinion d'Andrew Knight (1759-1838) suivant laquelle la variabilité domestique serait peut-être due à un excès de nourriture, et l'on se souvient de l'importance du facteur nutritionnel comme source de modifications chez Buffon[1]. Sans doute est-ce là une approche tactique – à la fois prudente et rassurante – d'un problème à propos duquel les hypothèses théoriques de Darwin vont diverger progressivement des idées couramment admises à la faveur des faits livrés par l'élevage et par l'horticulture. L'affirmation buffonienne et lamarckienne d'une variation de fait sous l'influence d'un changement de conditions est toutefois un élément clé de la construction et de l'explication darwiniennes – un point de départ que nul ne songe sérieusement à remettre en cause, car reposant sur une réalité constamment accessible à l'observation directe et sur une longue tradition empirique.

Outre l'affirmation générale d'un plus fort coefficient de variation (donc d'une plus forte variabilité) au sein des espèces vivant à l'état domestique, le premier chapitre de *L'Origine* développe, sur un mode qui oscille entre l'assertion et l'hypothèse probable, les propositions suivantes :

– une longue durée d'exposition (plusieurs générations) à de nouvelles conditions est généralement nécessaire à la production d'une somme *(amount)* appréciable de variations chez les organismes ;

– une fois ce stade atteint, la variabilité perdure à travers de nombreuses générations ;

1. Buffon, *Histoire des animaux*, t. III, 2e partie, chap. III : « De la nutrition et du développement ».

– la cause la plus fréquente de variabilité réside dans le fait que les éléments reproductifs – et non les « organes reproducteurs », ainsi que le voulait en 1862 Clémence Royer (1830-1902), la première traductrice de *L'Origine* en français – mâles et femelles *(male and female reproductive elements)* ont été affectés avant la conception. Les produits, animaux ou végétaux, de la domestication, bien que se signalant parfois par une vigueur physique apparente, souffrent souvent des effets de la réclusion ou de la culture au niveau de leur aptitude à se reproduire. Le déterminisme de cette affection du système reproducteur *(reproductive system)* est complexe, en grande partie inconnu et variable suivant les organismes ;

– la même cause détermine la variabilité et la stérilité, « et la variabilité est la source de tous les plus beaux produits de nos jardins », ajoute Darwin. Cet énoncé, qui indique une relation éventuellement régulière entre choix humain d'une valeur culturelle (ici la « beauté », mais ce peut être aussi le « bien » ou la « civilisation », ainsi qu'on le verra plus loin) et la perte de certains avantages naturels, est en quelque sorte le modèle du rapport nature/culture chez Darwin, à l'intérieur duquel l'Homme, suivant une modalité singulière souvent mésinterprétée, s'inscrit comme espèce à la fois domesticatrice et domestiquée ;

– l'effet direct des conditions de vie *(conditions of life)* est moins important dans la production des variations que les « lois de reproduction, de croissance et d'hérédité ». Cela est confirmé par le fait que, bien souvent, des conditions opposées voient néanmoins se produire des changements identiques dans les organismes ;

– l'action directe des conditions ne concerne que quelques variations (accroissement de taille dû à une augmentation de la nourriture, épaississement de la fourrure dû au froid, etc.) ;

– le non-usage habituel d'un organe chez un animal en captivité est générateur d'un affaiblissement par rapport à l'état naturel de cet organe (oreilles pendantes chez de nombreux animaux domestiques, poids diminué des os de l'aile et de la cuisse chez le canard domestique comparé au canard sauvage) ;

– bon nombre de lois gouvernent la variation. L'une d'entre elles est la loi dite de la « corrélation de croissance » : la modification d'un caractère d'un organe au cours de son développement entraîne des conséquences régulières sur des caractères d'organes différents. Le corollaire en sera que toute « sélection » par l'Homme devra compter avec « les lois mystérieuses de la corrélation de croissance » ;

– seules importent, du point de vue de Darwin, les variations transmises héréditairement. Au sujet de leur héritabilité, Darwin développe un raisonnement *a fortiori* à partir de la transmissibilité des déviations « monstrueuses » (albinisme, peau épineuse, pilosité. Le grand exemple du sexdigitisme, développé au siècle précédent par le Français Maupertuis dans sa *Vénus physique*, n'est pas évoqué[1]). Le caractère tératologique transmis sert ici d'indice visible d'une transmission qui

1. Pierre-Louis Moreau de Maupertuis (1698-1759), savant et philosophe français, fut en 1732 l'introducteur en France de la cosmologie de Newton et des « lois de l'attraction », dont il s'inspira pour imaginer une nouvelle théorie de la génération des êtres vivants fondée sur l'attraction réciproque des particules issues du père et de la mère, qu'il exposa en 1745 dans sa *Vénus physique* (éd. Tort, Aubier, 1980). En ce qui concerne la génération, cette inspiration newtonienne est aussi, à la même époque, celle de Georges-Louis Leclerc de Buffon (1707-1788). On la retrouvera en 1868 chez Darwin, au chap. XXVII de *La Variation*.

s'effectue couramment, sans être aussi clairement repérable, dans des conditions normales. Darwin insiste par ailleurs sur l'hérédité sexuelle (hérédité « limitée à un seul sexe ») et sur l'« hérédité aux âges correspondants de la vie », marquant, comme un vide à combler, la place d'une science des « lois de l'hérédité » non encore advenue, mais nécessaire ;

– en retournant à l'état sauvage, les espèces domestiques reprennent graduellement, si elles survivent, les caractères de leur type originel. Maintenues dans les mêmes conditions, elles demeurent semblables à elles-mêmes et perpétuent leurs caractères acquis, qu'elles modifient dans le cas d'un changement de conditions. On peut en induire l'existence de phénomènes de variation et de retour *(reversion)* au type ancestral dans des circonstances analogues (changement de conditions) au sein de l'état naturel ;

– les races domestiques appartenant à la même espèce entretiennent entre elles des différences du même ordre, mais généralement moindres, que celles présentées par les espèces voisines ou proches alliées du même genre à l'état de nature ;

– la variabilité due à la domestication s'étend potentiellement à un très grand nombre d'espèces sauvages ;

– la question de l'origine unique ou plurielle de la plupart des espèces domestiques restera peut-être à jamais indécidable. Toutefois, la multiplicité extrême des races domestiques, comparée au petit nombre d'espèces sauvages, tend à favoriser le plus souvent l'hypothèse d'une communauté de souche, à l'origine de descendances diversement modifiées en fonction des lieux et des conditions. S'il n'en est pas ainsi, selon Darwin, pour les différentes races de chiens domestiques, qui descendent probablement de plusieurs espèces distinctes de Canidés domestiqués ayant produit des variations héréditaires sous des influences diverses, c'est en revanche le cas des pigeons, qui proviennent sans doute d'une seule espèce souche, le pigeon de Roche ou Biset *(Columba livia)*, par le même processus ;

– la variation à l'état domestique, si elle est bien l'indéniable indice de la variabilité naturelle des organismes, a pour caractéristique de n'en être pas toutefois la simple traduction : en effet, la domestication favorise des adaptations qui ne représentent, pour l'organisme concerné, aucun avantage propre, mais qui correspondent en fait le plus souvent à un avantage pour l'Homme domesticateur. La première conclusion claire à laquelle aboutit celui qui considère le travail des éleveurs, c'est que les variations fournies par la nature – variations premières dont l'Homme ne décide pas, mais qui, précise Darwin, peuvent se produire à l'état naturel comme des modifications *avantageuses pour les organismes eux-mêmes* – ont été sélectionnées par l'Homme *pour son propre avantage*. Cela permet deux hypothèses :

- soit les variations utiles à l'Homme se sont produites soudainement, en une seule fois, comme dans les cas du chardon à foulon (issu du *Dipsacus* sauvage) et de ses aiguilles, du chien tourne-broche et du mouton Ancon,
- soit les variations premières se sont produites lentement à l'état naturel comme des modifications *utiles aux organismes eux-mêmes*, et l'Homme s'est accoutumé à tirer de ces avantages naturels une utilité propre quelconque, qu'il a ensuite cherché à accroître.

Il est intéressant de constater ici que cette seconde possibilité, à l'origine de la variation domestique orientée, implique l'opération, à l'intérieur d'un exposé didactique qui n'en a pas encore explicité le concept, de la théorie de la sélection elle-même : la théorie de l'*avantage vital*, explicative de la conservation d'une modification *utile* à l'organisme naturel, appartient au système logique de la théorie sélective et apparaît ici avant même que ce dernier ne soit développé dans le corps même de l'exposé. On pourrait ici conclure, à propos de cette anticipation, à une faute logique ou, tout au moins, didactique de Darwin ayant besoin, pour expliquer l'origine de la variation domestique, d'éléments théoriques appartenant à la doctrine sélective constituée. En fait, cette apparente difficulté expositionnelle est révélatrice du caractère *direct* de l'intuition qui associe sur le mode de l'induction analogique sélection artificielle sélectionnant des variations pour l'avantage de l'Homme (vérité première d'observation et d'expérience) et sélection naturelle sélectionnant des variations pour l'avantage des organismes eux-mêmes. Dans la nature domestiquée, Darwin voit immédiatement et d'abord le résultat de la sélection ; et comme la nature domestiquée n'a pas pour autant cessé d'être naturelle, la sélection apparaît immédiatement comme une *capacité de la nature*. De même que la *variation* prouve la *variabilité*, la sélection prouve la sélectionnabilité (voir le paragraphe suivant et le diagramme correspondant à la genèse complexe de la théorie sélective). Ce schème de pensée, aussi simple soit-il, résout bien des questions inutiles sur l'avènement réel de l'intuition sélective chez Darwin. La sélection artificielle est bien le seul modèle initial qui, dans le cadre de l'analyse des phénomènes de domestication et de la comparaison entre le domestiqué et le sauvage, peut permettre d'anticiper d'une manière hypothétiquement cohérente les conclusions de la théorie de la sélection naturelle, dont elle sert ainsi très légitimement à construire l'exposé.

La démarche de Darwin dans l'exposition de sa théorie de la variation inclut donc le fait et les inductions de la sélection artificielle :

– les organismes varient à l'état domestique sous l'influence d'un changement de conditions et de l'action canalisante (choix continué) des éleveurs à partir d'une variation initiale apparue dans la nature ;

– l'action sélective des éleveurs (sélection artificielle) fait elle-même partie d'un changement de conditions ;

– cette action sélective s'exerce sur des organismes (donc sur une *nature*) susceptibles de varier et variant effectivement dans le monde naturel ;

– cette action révèle que la variation peut être avantageuse à ceux qui la mettent en œuvre ;

– la variation avantageuse à l'état domestique (avantage pour l'Homme) induit l'hypothèse d'une variabilité avantageuse à l'état naturel (avantage pour l'organisme).

La variation sélectionnée par les éleveurs est le plus souvent presque imperceptible et doit être « accumulée » dans le même sens au cours d'une longue durée pour produire les améliorations souhaitées. En horticulture, elle est plus fréquemment susceptible d'être soudaine, et fixée immédiatement, mais elle requiert dans tous les autres cas un travail de sélection long et attentif. La variation enfin, du fait de la sélection artificielle, peut porter sur un seul organe (fleurs chez les plantes d'ornement, feuilles ou tubercules chez les plantes potagères).

Dès le premier chapitre de *L'Origine*, la variation à l'état de nature est induite. Le deuxième chapitre, qui en traite, n'aura qu'à l'illustrer.

III. – Taux reproductifs et équilibres du vivant : nécessité d'une régulation par la lutte

La seconde idée fondamentale de Darwin est celle de la « lutte pour l'existence » *(struggle for life)*, c'est-à-dire du combat que doit mener pour sa survie chaque être vivant contre l'ensemble des obstacles que lui oppose son milieu naturel. Par une sorte d'habitude simplificatrice, on tend souvent à identifier la *lutte pour l'existence*, qui concerne d'une façon globale l'exercice de survie de chaque individu ou groupe face aux pressions de l'environnement naturel en général (un organisme ou un groupe peut lutter contre la sécheresse – facteur inorganique – ou contre un prédateur – facteur organique –, etc.), et la *concurrence vitale*, qui concerne plus spécialement la lutte que se livrent, à l'intérieur d'un milieu donné, les organismes ou groupes d'organismes entre eux. L'idée de lutte pour l'existence, qui comprend donc celle de concurrence vitale, serait due, suivant ce qu'en dit Darwin lui-même[1], à Malthus, ce que tendrait à confirmer l'emprunt qu'il fait, dans son exposé, du concept d'accroissement géométrique qui était à l'œuvre dans l'*Essai sur le principe de population* de 1798 : « Une Lutte pour l'Existence, écrit Darwin, est la conséquence inévitable du taux élevé suivant lequel tous les êtres organiques tendent à s'accroître. Chaque être, produisant au

1. *L'Origine des espèces*, introd. et chap. III.

cours de sa durée de vie naturelle plusieurs œufs ou graines, doit, durant une certaine période de sa vie, et durant une certaine saison ou, occasionnellement, une année, être soumis à la destruction, car autrement, en vertu du principe de l'accroissement géométrique, ses effectifs grossiraient bientôt si extraordinairement qu'aucun territoire n'en pourrait entretenir la production. Dès lors, puisqu'il se produit plus d'individus qu'il n'en peut survivre, il faut, dans tous les cas, qu'il y ait une Lutte pour l'Existence, soit entre individus de la même espèce, soit entre individus d'espèces distinctes, ou encore avec les conditions de vie physiques. C'est la doctrine de Malthus appliquée avec une force variée à l'ensemble des règnes animal et végétal… » (chap. III).

On se souvient que Joseph Townsend était parvenu dès 1786, dans une dissertation à propos de la Loi sur les Pauvres, à des conclusions très voisines de celles de Malthus et intéressantes pour Darwin (qui semble toutefois n'avoir pas eu directement connaissance de ce texte) à cause de l'exemple analogique didactiquement emprunté au cas des chèvres et des chiens (leurs prédateurs) vivant sur l'île de Juan-Fernández, dont les équilibres démographiques se sont régulés suivant la loi du triomphe des mieux armés dans la lutte pour l'appropriation de la nourriture.

Quoi qu'il en soit de l'occurrence simplement événementielle, dans la pensée de Darwin, de cette inspiration théorique par ailleurs indéniable, le socle de l'édifice doctrinal darwinien est posé, sans que Darwin ait jamais approuvé par ailleurs le courant idéologique dont participaient ensemble Townsend et Malthus, non plus que les attitudes politico-sociales qui trouvaient en lui le dogme d'une nouvelle religion.

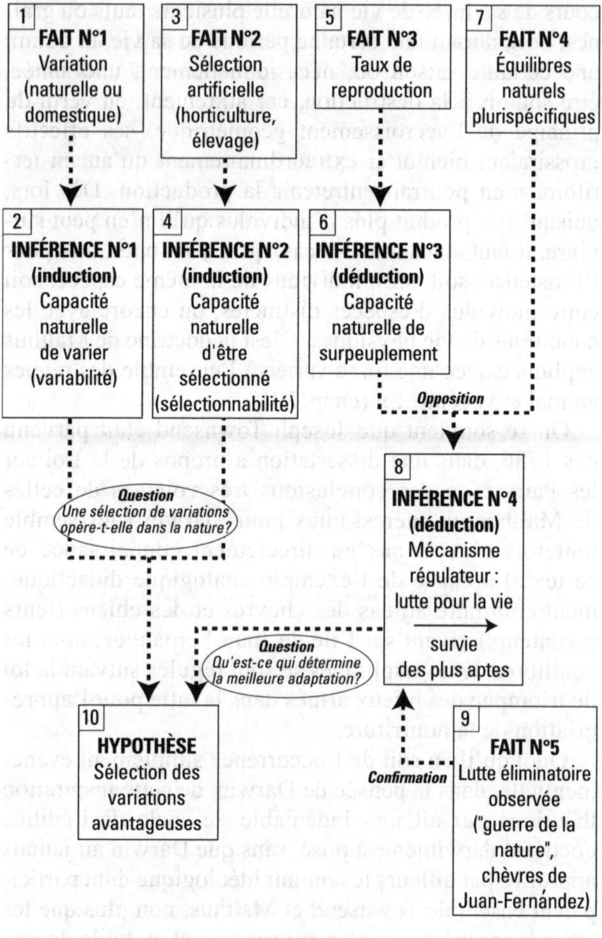
1
FAIT N°1
Variation (naturelle ou domestique)
3
FAIT N°2
Sélection artificielle (horticulture, élevage)
5
FAIT N°3
Taux de reproduction
7
FAIT N°4
Équilibres naturels plurispécifiques
2
INFÉRENCE N°1
(induction)
Capacité naturelle de varier (variabilité)
4
INFÉRENCE N°2
(induction)
Capacité naturelle d'être sélectionné (sélectionnabilité)
6
INFÉRENCE N°3
(déduction)
Capacité naturelle de surpeuplement
Opposition
8
INFÉRENCE N°4
(déduction)
Mécanisme régulateur : lutte pour la vie → survie des plus aptes
Question
Une sélection de variations opère-t-elle dans la nature?
Question
Qu'est-ce qui détermine la meilleure adaptation?
Confirmation
10
HYPOTHÈSE
Sélection des variations avantageuses
9
FAIT N°5
Lutte éliminatoire observée ("guerre de la nature", chèvres de Juan-Fernández)

Au départ, donc, deux faits d'observation : la variation des organismes et leur capacité reproductive, et deux certitudes, l'une inductive, l'autre déductive : la *capacité indéfinie de variation des organismes* et la *capacité de surpeuplement*, tendant naturellement à la saturation de tout espace de vie par n'importe quelle catégorie d'organismes se reproduisant sans entrave et entraînant de ce fait la nécessité d'une lutte éliminatoire. À quoi il faut ajouter – rappelons-le –, dès les commencements de la réflexion de Darwin, le fait empirique de la *sélection artificielle* et l'aptitude, qui s'en induit, des organismes à être sélectionnés par tri cumulatif de variations et fixation héréditaire. À chaque étape de l'avancée de Darwin, une *capacité* est inférée d'un *fait* d'observation universellement constaté et admis. Pour que le tableau soit complet, il faut également rappeler la présence, à l'autre pôle de ce réseau de données et assurant sa cohérence, d'un autre fait d'observation courante, presque trivial celui-là : c'est l'existence même des *équilibres* naturels. En effet, on observe dans la plupart des lieux de la nature la coexistence de représentants de plusieurs espèces vivantes sur un même territoire. Ce simple fait, qui contredit d'une manière universelle la tendance intrinsèque de chaque population d'organismes conspécifiques à se reproduire et à s'étendre sans limites, est lui-même l'élément qui requiert, pour sa propre explication, l'idée de la nécessité d'un *mécanisme régulateur immanent*, responsable des limitations et des stabilisations relatives dans les proportions numériques des représentants des diverses espèces, c'est-à-dire responsable des éliminations nécessaires au maintien d'un certain pluralisme de vie, indispensable lui-même à la survie de chaque espèce. C'est alors que s'impose véritablement l'idée de la lutte pour l'existence, idée qui, confrontée au fait fondamental de la variation et à l'induction de la variabilité indéfinie, entraîne l'hypothèse d'une sélection de variations – cette hypothèse répondant elle-même à la question qui porte inévitablement sur les raisons du triomphe de certaines espèces comme de certains individus dans cette lutte –, et cette réponse étant à son tour très probablement guidée par l'incontestable pression analogique qu'exerçait alors la connaissance des procédés empiriques de la sélection artificielle.

Cette démarche peut se résumer en dix points :

1/ On observe des variations individuelles chez les êtres soumis à la domestication ou vivant à l'état naturel.
2/ On en induit l'existence d'une capacité naturelle indéfinie de variation des organismes (variabilité).
3/ On observe qu'une reproduction orientée peut fixer héréditairement certaines de ces variations (avantageuses pour l'Homme) par accumulation dans un sens déterminé, avec ou sans projet raisonné ou méthodique (sélection artificielle, sélection inconsciente).
4 On en induit l'hypothèse d'une aptitude des organismes à être sélectionnés d'une manière analogue au sein de la nature (« sélectionnabilité »). Question : quel peut être l'agent de la « sélection naturelle » ainsi inférée de cette « sélectionnabilité » avérée (par ses actualisations domestiques) des variations organiques ?
5/ On évalue le taux de reproduction des diverses espèces et leur capacité de peuplement.
6/ On en déduit l'existence d'une capacité naturelle d'occupation totale rapide de tout territoire par les

représentants d'une seule espèce, animale ou végétale, se reproduisant sans obstacle.

7/ On observe cependant à peu près universellement, au lieu de cette saturation, l'existence d'équilibres naturels constitués par la coexistence, sur un même territoire, de représentants de multiples espèces.

8/ On déduit de l'opposition entre les points 6 et 7 la nécessité d'un mécanisme régulateur opérant au sein de la nature et réduisant l'extension numérique de chaque population. Un tel mécanisme est nécessairement éliminatoire et s'oppose par la destruction à la tendance naturelle de chaque groupe d'organismes à la prolifération illimitée. C'est la lutte pour la vie *(struggle for life)*, qui effectue une *sélection naturelle* dont le principal effet est la *survie des plus aptes* (par le jeu de l'élimination des moins aptes). Question : qu'est-ce qui détermine une meilleure adaptation ?

9/ On observe la lutte pour l'existence au sein de la nature (dans le cas de l'île de Juan-Fernández, où il s'agit d'un retour organisé d'animaux domestiques à l'état naturel, l'intervention humaine peut faire considérer l'anecdote comme une confirmation expérimentale, avant la lettre, de la théorie darwinienne en tant qu'application à la nature de la doctrine de Malthus).

10/ Pour répondre à la question des facteurs d'une meilleure adaptation, on fait retour à la variabilité, et, sous la pression analogique du modèle de la sélection artificielle, on forge l'hypothèse d'une sélection naturelle qui, à travers la lutte (interindividuelle, interspécifique et avec le milieu), effectuerait le tri et la préservation des variations avantageuses dans un contexte donné et assurerait ainsi le triomphe vital, transmissible héréditairement, des individus qui en seraient porteurs. Ces derniers seraient par là même sur la voie d'une amélioration constante de leur adaptation à leurs conditions de vie et à celles de la lutte : « Ce principe de préservation, ou Survie des plus aptes, écrit Darwin, je l'ai nommé Sélection naturelle » (*L'Origine des espèces*, chap. IV).

Tels sont les principaux moments logiques, depuis le fait empiriquement observé et orienté de la variation des organismes (phénomène essentiellement individuel) jusqu'à la formulation de la théorie de la sélection naturelle (qui étend l'effectif des organismes porteurs de la variation avantageuse), de la réflexion transformiste de Darwin. Cette logique ici reconstituée reproduit l'ordre suivi par les premiers chapitres de *L'Origine des espèces* (I. « Variation sous l'influence de la domestication » ; II. « Variation dans la nature » ; III. « La lutte pour l'existence » ; IV. « Sélection naturelle, ou Survie des plus aptes »), tel qu'il se trouve exposé dans l'introduction de l'ouvrage :

« Nous verrons ainsi[1] qu'une grande accumulation de modification héréditaire est au moins possible ; et nous verrons, ce qui est tout aussi important, voire davantage, combien est grand le pouvoir qu'a l'homme d'accumuler par sa sélection de légères variations successives. Je passerai ensuite à la variabilité des espèces à l'état de nature […] Dans le chapitre suivant, on examinera la lutte pour l'existence entre tous les êtres organiques à

1. Dans le premier chapitre.

travers le monde, conséquence inévitable de la forte raison géométrique de leur accroissement. C'est la doctrine de Malthus appliquée à l'ensemble des règnes animal et végétal. Comme il naît beaucoup plus d'individus de chaque espèce qu'il n'en peut survivre ; et comme, en conséquence, il y a une action périodique fréquente de la Lutte pour l'Existence, il s'ensuit que tout être qui, soumis aux conditions de vie complexes et parfois variables, aura varié légèrement d'une quelconque manière qui lui soit profitable, aura une meilleure chance de survivre et d'être ainsi *naturellement sélectionné*. En vertu du puissant principe de l'hérédité, toute variété sélectionnée tendra à propager sa forme modifiée et nouvelle. Ce point fondamental de la sélection naturelle sera traité avec quelque étendue dans le quatrième chapitre ; et nous verrons alors comment la sélection naturelle cause presque inévitablement beaucoup d'extinctions dans les formes de vie les moins perfectionnées et conduit à ce que j'ai nommé Divergence de Caractère. »[1]

IV. – Succès, polémiques et nouveaux développements

La première édition de *L'Origine des espèces* (1 250 exemplaires) est épuisée le jour même de sa parution, le 24 novembre 1859. Huxley en fait, le mois suivant, une recension enthousiaste dans le *Times*.

La deuxième édition (3 000 exemplaires) sort des presses six semaines après la première, le 7 janvier 1860, porteuse de quelques modifications légères et

1. *Ibid.*, introd.

de l'adjonction d'une mention finale concernant le « Créateur » destinée à calmer les inquiétudes des esprits religieux. Malgré cela, le débat qui s'ouvre prend très vite une ampleur exceptionnelle : bataille de comptes rendus, revendication d'antériorité, discussions théologiques, réunion houleuse, enfin, de la *British Association for the Advancement of Science* à Oxford (27 juin-4 juillet 1860), qui voit s'affronter Th. H. Huxley (que l'on appellera par la suite le « bull-dog de Darwin ») et le puissant Richard Owen, puis le même Huxley et l'évêque Samuel Wilberforce (1805-1873), coupable d'une apostrophe célèbre dans laquelle il demande à son interlocuteur s'il s'apparente au singe par sa grand-mère ou par son grand-père. La question de l'évêque et la réponse à la fois sérieuse et méprisante de Huxley – concluant qu'il préférait avoir un Singe pour ancêtre qu'un homme capable, en cette matière, de telles plaisanteries – donneront lieu à autant de versions variées qu'il y aura de narrateurs, témoignant de l'âpreté des débats entre conservatisme et progressisme théologiques, et de la lutte entre deux générations d'acteurs scientifiques intéressés les uns à maintenir, les autres à bouleverser la « politique » de la science.

Le 3 avril 1861 paraît la troisième édition de *L'Origine* (2 000 exemplaires), modifiée en fonction des critiques et augmentée d'une notice historique *(Historical Sketch)* concernant les auteurs que Darwin accepte de reconnaître comme étant, à certains égards, ses prédécesseurs. Leur nombre, leur célébrité et leur diversité (de Buffon, Lamarck, Goethe et Étienne Geoffroy Saint-Hilaire pour les prédécesseurs « réels » à A. R. Wallace, T. H. Huxley et J. D. Hooker pour les contemporains « sérieux ») ont pour effet principal de rendre ridicules

les prétentions d'un Patrick Matthew (1790-1874), obscur auteur en 1831 d'un ouvrage sur les bois de marine, auxquelles Darwin a cependant résolu, formellement, de faire droit. Il usera d'une ironie plus directe dans le *Sketch* de la quatrième édition (1866) en mentionnant Richard Owen, dont l'irrite l'étonnant et rapide revirement à l'égard de sa théorie. Owen était en effet passé en peu de temps d'une opposition idéologiquement compréhensible à une revendication de précursion peu convaincante, si ce n'est par le biais tortueux de ses rapports avec la « philosophie de la nature » allemande, dont Darwin, intentionnellement prodigue, cite également dans sa liste l'un des représentants majeurs, Lorenz Oken (1779-1851).

Dès le 9 janvier 1861, Darwin a entamé la réalisation de ce qui deviendra son deuxième grand ouvrage de synthèse, *The Variation of Animals and Plants under Domestication*. Il intensifie ses recherches dans le domaine botanique. Son ouvrage sur la fécondation des orchidées par les insectes paraît le 15 mai de l'année suivante, et porte un coup sérieux au finalisme des explications physico-théologiques des phénomènes adaptatifs et coadaptatifs. Il poursuit la rédaction de *La Variation*, dont il achève en 1863 plusieurs chapitres importants sur l'hérédité, les croisements, la sélection. En 1864, il travaille sur les plantes grimpantes et reçoit le 30 novembre la médaille Copley de la *Royal Society of London*. L'année 1865 voit la publication de son travail sur les plantes grimpantes, la rédaction du chapitre de *La Variation* sur la pangenèse (théorie conjecturale sur les mécanismes de l'hérédité) et le début de sa correspondance avec l'un de ses plus brillants admirateurs, Fritz Müller (1822-1897), émigré au Brésil, et dont il lit avec une très grande satisfaction l'ouvrage *Für Darwin* (« Pour Darwin »), paru à Leipzig en 1864.

En décembre 1866 sort des presses la quatrième édition de *L'Origine* (1 500 exemplaires), remaniée en fonction de critiques récentes, de faits nouveaux et de développements théoriques et naturalistes inédits. En 1867, Darwin s'oriente vers l'étude de l'Homme et diffuse un questionnaire sur l'expression qui servira de base documentaire à l'ouvrage de 1872, *L'Expression des émotions chez l'homme et les animaux*.

Le 30 janvier 1868 paraît *The Variation of Animals and Plants under Domestication*.

Chapitre III

ILLUSTRATIONS ET EXTENSIONS NATURALISTES DE LA THÉORIE

I. – *La Variation des animaux et des plantes à l'état domestique* (1868)

Dans ce deuxième grand ouvrage de synthèse, étroitement lié dans sa genèse au « grand livre sur les espèces » dont *L'Origine* n'était elle-même qu'un résumé, Darwin réaffirme et illustre avec netteté les principes exposés dans les deux premiers chapitres de l'ouvrage de 1859.

L'idée principale reste que la domestication humaine stimule chez les êtres vivants, du fait de leur transplantation et des changements introduits dans leur alimentation, des variations qui prouvent l'existence d'une aptitude naturelle à varier, d'une *variabilité* inhérente à la vie même des organismes.

L'Homme, écrit Darwin, a certes le pouvoir de jeter un morceau de fer dans de l'acide sulfurique, mais nul n'est en droit d'en conclure qu'il fait du sulfate de fer.

Son rôle se borne à mettre en présence certaines affinités qui se manifestent dans une réaction dont il n'est pas le maître. Il en va de même pour la domestication, qui ne fait que révéler une tendance inhérente des organismes à varier suivant leurs conditions d'existence, ce qui n'a pu manquer de se produire également dans l'état naturel et d'une manière tout aussi transmissible. De fait, l'introduction de *La Variation* est un simple résumé des conclusions des deux premiers chapitres de *L'Origine*, résumé annonçant leur illustration par des séries de cas finement analysés et décrits : rôle de l'action directe du climat et de la nourriture, effets de l'usage et du non-usage, lois de l'hérédité, effets du croisement sur la stérilité en condition domestique, effets de la répétition des croisements consanguins, importance du principe de sélection, sélection méthodique et sélection inconsciente, adaptation des races domestiques aux besoins humains (justifiant leurs fréquentes anomalies). Darwin renvoie à un « autre ouvrage »[1] le complément du programme extrait de *L'Origine* : variabilité à l'état naturel, différences individuelles, différences intervariétales (les « variétés » étant des « races géographiques ») ; difficulté de distinguer entre races et sous-espèces, entre sous-espèces et espèces ; variation plus accentuée chez les espèces dominantes, nombre plus grand d'espèces variables dans les grands genres ; variétés, enfin, considérées comme « espèces naissantes ».

Au cours de cette même Introduction, qui présente une homogénéité frappante avec *L'Origine*, Darwin réévoque le voyage sur le *Beagle* d'une façon qui ne peut plus laisser de doute sur l'importance respective et partagée des facteurs qu'il désigne comme responsables

1. Il s'agit du « grand livre sur les espèces », commencé en 1856 et qui ne fut jamais achevé, mais qui fournit beaucoup de ses thèmes et de sa documentation aux principaux ouvrages publiés par Darwin.

de son intuition théorique majeure. Dans l'archipel des Galápagos, à environ 500 milles des côtes de l'Amérique du Sud, Darwin s'est vu environné d'espèces d'oiseaux, de reptiles et de plantes particulières, inconnues ailleurs, et offrant cependant un faciès américain. Les habitants des multiples îles, quoique visiblement apparentés, présentaient entre eux des différences dont beaucoup, à l'examen, se révélèrent spécifiques. L'observation répétée de ce phénomène suggérait l'idée d'une descendance commune avec modifications, à partir d'une origine continentale. Revenant sur les résultats expertisés du voyage, Darwin s'était interrogé sur le processus de ces différentes spéciations. Comment ces modifications avaient-elles pu avoir lieu ? C'est en ce point précis de sa remémoration que Darwin avoue que ce phénomène fut pour lui pendant longtemps inexplicable, et le fût resté s'il n'avait étudié les animaux domestiques et acquis de cette manière une idée nette de la sélection. Ce n'est que plus tard – toujours d'après ce récit – que la lecture de Malthus (septembre 1838) allait lui permettre de lier augmentation du nombre des êtres organisés, lutte pour l'existence et sélection naturelle.

Ainsi, dans l'œuvre darwinienne, *La Variation* apparaît d'une manière générale comme une immense corroboration des thèses de *L'Origine* au moyen d'une compilation systématique et ordonnée de faits d'observation et d'informations lues ou recueillies auprès d'une multitude de correspondants. C'est dans ce texte que Darwin développe l'exemple des pigeons, qu'il connaissait par le témoignage d'un grand nombre de spécialistes anglais et étrangers, ainsi que par son expérience personnelle d'éleveur.

II. – La théorie de la pangenèse

C'est dans la dernière partie de *La Variation* que Darwin, tentant de substituer à l'ignorance générale en ce domaine un essai conjectural d'explication des mécanismes de la génération et de la transmission héréditaire, formule son « hypothèse provisoire *[provisional hypothesis]* de la pangenèse ». De l'ensemble des parties du corps proviendraient de très fines particules (les « gemmules ») représentatives de chacune d'elles et qui seraient adressées aux organes de la reproduction, pour s'unir enfin, lors de la fécondation, aux gemmules issues du partenaire. On reconnaît évidemment là l'influence des premières hypothèses formulées par les naturalistes (en particulier Buffon et Maupertuis) concernant une génération de type particulaire, dans le sillage newtonien (car requérant une force d'attraction ou d'affinité entre les particules s'assemblant pour la formation du nouvel être).

Cette hypothèse d'attente, qui permettait notamment une explication théorique de la transmission de caractères acquis, ne connaîtra naturellement aucune validation expérimentale (Galton en particulier échouera dans cette tentative), mais permettra de construire d'autres hypothèses (notamment celle de la « pangenèse intracellulaire » de Hugo De Vries) qui pourront, à l'extrême fin du XIXe siècle, favoriser la redécouverte des lois de Mendel.

Parallèlement, Darwin a entamé en février la rédaction de son travail sur la théorie de la descendance et l'humanité. L'année 1869 voit paraître la cinquième édition de *L'Origine* (2 000 exemplaires), à nouveau modifiée en fonction des critiques.

Le 24 février 1871, il publie enfin l'ouvrage, depuis longtemps sollicité par ses partisans, qui devait étendre à l'Homme la théorie de la descendance et qui sera sans nul doute, entre tous, son ouvrage le plus gravement mésinterprété : *The Descent of Man*.

Chapitre IV

LA FILIATION DE L'HOMME ET LA SÉLECTION SEXUELLE

The Descent of Man and Selection in Relation to Sex, troisième grand ouvrage de synthèse de Darwin, a été introduit en France à travers une première traduction de Jean-Jacques Moulinié (1872), où *Descent* – qui signifie le fait de « descendre de », d'être issu d'une souche ou d'une lignée, de provenir d'une origine, de procéder d'une série d'ancêtres, de représenter le point d'aboutissement actuel d'une généalogie, bref, d'avoir une *ascendance* – est rendu par « descendance », dont l'usage en français, dans un tel registre, est rare et contesté. Nous donnons dans l'article « Descendance » du *Dictionnaire du darwinisme* les raisons sémantiques qui nous font préférer pour cette traduction le terme de « filiation » entendu dans son acception juridique – établir la filiation de quelqu'un consistant à authentifier son ascendance en remontant le long du lien (de « descendance ») qui unit jusqu'à lui des individus directement issus les uns des autres par un acte de génération. L'usage s'étant toutefois longtemps imposé, dans le contexte francophone, du terme malaisé de « descendance », on le trouve encore, mais de plus en plus rarement, sous la plume des commentateurs de Darwin qui se sont nourris des anciennes traductions.

Si l'on mesure dans toute son ampleur le choc produit par *L'Origine des espèces*, déjà largement diffusée à ce moment aux États-Unis et sur le continent européen, on pourra évaluer l'intérêt que pouvait susciter, en 1871, un ouvrage attendu et présenté comme l'extension à l'Homme de la théorie de la descendance avec modifications, et donc comme l'émancipation définitive du discours naturaliste par rapport au plus résistant des interdits théologiques : celui qui tendait à préserver ultimement l'humanité de son inscription au sein de la série animale. Mais l'ouvrage était en même temps ressenti comme devant être, très logiquement, le lieu de l'extension de la théorie *sélective* à l'homme et aux sociétés humaines. L'enjeu *scientifique* d'un tel livre apparaissait dès lors comme indissociable d'enjeux *philosophiques et politiques* déterminants au cœur d'une époque d'expansion et de consolidation des emprises coloniales, et dans une société en restructuration traversée par les luttes sociales – théâtre d'un conflit non seulement entre conservatisme et libéralisme, mais aussi bien entre des versions différentes du libéralisme conquérant.

I. – Le transformisme darwinien étendu à l'Homme

« L'unique objet de cet ouvrage, écrit Darwin, est de considérer, premièrement, si l'homme, comme toute autre espèce, est issu par filiation de quelque forme préexistante ; deuxièmement, le mode de son développement ; et, troisièmement, la valeur des différences entre ce que l'on appelle les races de l'Homme. »

Le premier acte de la démonstration de Darwin consiste à dresser la liste des phénomènes de ressemblance qui, selon lui, rendent indiscutable le lien qu'il veut établir entre la constitution anatomo-physiologique de l'Homme et celle des autres membres du groupe des Vertébrés. Ses arguments, empruntés d'abord à l'anatomie comparée, et particulièrement à Huxley, sont déjà classiques : identité de conformation du squelette, des muscles, des nerfs, des vaisseaux, des viscères et même de l'encéphale lorsqu'il s'agit des siges supérieurs ; communicabilité réciproque de certaines maladies entre les animaux – les singes surtout – et l'Homme ; parenté entre les parasites qui affectent les Hommes et les animaux ; analogie également entre les processus qui, chez les uns et les autres, suivent les phases de la lune, entre les phénomènes cicatriciels, entre les comportements reproducteurs, entre les différences qui séparent les générations et les sexes, entre les stades et les mécanismes du développement embryonnaire, singulièrement lorsque l'on observe la parturition des singes ; communauté de la détention d'organes rudimentaires ; existence d'un revêtement laineux *(lanugo)* chez le fœtus humain au sixième mois ; traces persistantes, chez l'Homme, à l'extrémité inférieure de l'humérus, du *foramen* supracondyloïde, ouverture par laquelle passe, chez « quelques quadrumanes, les Lémuridés et surtout les Carnivores aussi bien que beaucoup de Marsupiaux », le « grand nerf de l'avant-bras et souvent son artère principale », etc.

Mais les données mises en œuvre par la grande somme compilatoire et illustrative que constitue *The Descent* excèdent considérablement les seuls domaines de l'anatomie et de la physiologie comparées. Celles que Darwin emprunte également à l'anthropologie physique, à l'anthropométrie, à l'observation du comportement humain et à l'étude des sociétés « civilisées » et des cultures exotiques (dont certaines remontent à sa propre expérience de voyageur) lui fournissent les éléments qui lui permettent de mettre en évidence le fait que la variabilité, prouvée chez l'Homme sur le terrain de l'anatomie, l'est également sur les plans raciologique et sociologique, et que, sous des modalités qui n'ont été, hélas, convenablement analysées que bien tard, la *sélection* se poursuit au sein de l'humanité.

II. – L'effet réversif de l'évolution

Darwin se livre donc, dans *La Filiation*, à un essai – inévitable du point de vue de la cohérence et de la portée de sa théorie – d'unification de l'ensemble des phénomènes biologiques et humains sous l'opération d'un seul principe d'explication du devenir : ce dernier dérive très normalement des sciences qui viennent d'être énumérées, Darwin parcourant leurs différents domaines pour aboutir sans heurt au champ de ce que l'on nommerait aujourd'hui l'anthropologie sociale, ainsi qu'à des observations psychosociologiques et éthiques qui, pour être spécifiquement humaines, n'en sont pas moins évolutivement liées à des données et à des conduites dont l'analyse tend à faire apparaître l'origine au sein des groupes animaux.

Or, contrairement aux interprétations qui ont dominé pendant plus d'un siècle la lecture (en réalité, dans la plupart des cas, la non-lecture) du texte de *La Filiation*, ce continuisme ne fonde ni ce que l'on a appelé d'une manière expéditive le « darwinisme social », présent au contraire chez Herbert Spencer et Ernst Haeckel ni, sous le motif de la « poursuite de la sélection », aucune forme ultérieure d'inégalitarisme social ou racial.

En effet, *La Filiation* établit qu'un renversement s'est opéré, chez l'Homme, à mesure que s'avançait le processus civilisationnel. La marche conjointe du progrès (sélectionné) de la rationalité et du développement (également sélectionné) des *instincts sociaux*, l'accroissement corrélatif du sentiment de *sympathie*, l'essor des sentiments moraux en général et de l'ensemble des conduites et des institutions qui caractérisent la vie individuelle et l'organisation communautaire dans une nation civilisée permettent à Darwin de constater que la sélection naturelle n'est plus, à ce stade de l'évolution, la force principale qui gouverne le devenir des groupes humains, mais qu'elle a laissé place dans ce rôle à l'*éducation*. Or, cette dernière dote les individus et la nation de principes et de comportements qui *s'opposent*, précisément, aux effets anciennement éliminatoires de la sélection naturelle et qui orientent à l'inverse une partie de l'activité sociale vers la protection et la sauvegarde des faibles de corps et d'esprit, aussi bien que vers l'assistance aux déshérités. La sélection naturelle a ainsi sélectionné les instincts sociaux, qui à leur tour ont développé des comportements et favorisé des dispositions éthiques ainsi que des dispositifs institutionnels et légaux *anti-sélectifs* et *anti-éliminatoires*. Ce faisant, la sélection naturelle a travaillé à son propre déclin (sous la forme éliminatoire qu'elle revêtait dans la sphère infracivilisationnelle), en suivant le modèle même de l'évolution sélective – le dépérissement de l'ancienne forme et le développement substitué d'une forme nouvelle : en l'occurrence, une compétition dont les fins sont de plus en plus la moralité, l'altruisme et les valeurs de l'intelligence et de l'éducation. Sans rupture, Darwin, à travers cette dialectique évolutive qui passe par un renversement progressif que nous avons nommé l'*effet réversif de l'évolution*, installe toutefois dans le devenir, entre biologie et civilisation, un *effet de rupture* qui interdit que l'on puisse rendre son anthropologie responsable d'une quelconque dérive en direction des désastreuses « sociologies biologiques ». Cette remarquable dialectique du biologique et du social, qui se construit pour l'essentiel entre les chapitres III, IV, V et XXI de *La Filiation* et qui, en plus de s'opposer à toutes les conduites oppressives, préserve l'indépendance des sciences sociales en même temps qu'elle autorise et même requiert le matérialisme éthique déductible d'une généalogie scientifique de la morale, n'a été reconnue dans toute sa force logique qu'à partir du début des années 1980. Le continuum biologico-social darwinien, dont une bonne métaphore didactique est l'image topologique de la torsion du ruban de Möbius[1], est un continuum *réversif*, impliquant donc un passage progressif au *revers* de la loi évolutive initiale – la sélection naturelle, en tant que mécanisme en évolution, *se soumettant elle-même*, de ce fait, *à sa propre loi*. Il faudra revenir plus loin sur ce concept qui rend caduque la prétention ordinaire de la plupart des philosophies à déclarer inconcevable la possibilité même d'un matérialisme intégral englobant l'éthique.

1. Soit une bande de papier de faible largeur, comportant évidemment deux faces. On en rapproche les deux extrémités, mais, avant de la refermer en anneau, on fait subir à l'une de ses extrémités une torsion de 180°. On referme par collage et l'on obtient un objet qui ne possède plus qu'une seule face et un seul bord, permettant donc, en suivant ce qui était au départ l'une de ses faces, de rejoindre d'une manière continue ce qui était initialement son revers. Son nom est celui de son inventeur, August Ferdinand Möbius (1790-1868), astronome et mathématicien allemand.

III. – La sélection sexuelle

Le traitement de la sélection sexuelle dans *La Filiation* est extrêmement documenté et parcourt un domaine zoologique très vaste avant de revenir à l'Homme après un long détour passant par l'interrogation de la proportion numérique des sexes *(sex-ratio)* et des différences entre les sexes dans les espèces animales.

La sélection sexuelle « dépend de l'avantage que possèdent certains individus sur d'autres de même sexe et de même espèce, uniquement en ce qui concerne la reproduction » (chap. VIII).

En d'autres termes, la sélection sexuelle ne repose pas directement sur la lutte pour l'existence, mais essentiellement sur une rivalité des mâles dans la compétition pour la possession des femelles, compétition dont les effets, moins rigoureux en règle générale que ceux de la sélection naturelle, sont momentanément disqualifiants pour les vaincus ou les évincés, sans être en principe définitivement éliminatoires. La sélection sexuelle, qui sélectionne des caractères sexuels secondaires et repose en grande partie sur l'hérédité « liée à un seul sexe », assure généralement le triomphe des mâles les plus vigoureux et les plus combatifs, ou de ceux qui possèdent une particularité morphologique favorisant leur suprématie au sein de cette compétition (cornes et ergots plus développés respectivement chez le cerf et le coq, crinière plus épaisse chez le lion, plumage plus éclatant et chant plus mélodieux chez les oiseaux). La préférence et le choix exercés par les femelles jouent dans ce processus un rôle déterminant. Darwin retrouve, au sein de l'espèce humaine des traits de comportement qui manifestent la persistance d'une sélection sexuelle sous les critères (variables suivant les cultures) de la beauté masculine et féminine, et reconnaît le rôle qu'ils jouent lors des choix nuptiaux.

La sélection sexuelle, complément de la sélection naturelle, peut cependant avoir des effets anti-adaptatifs : par exemple, la lourde parure de noce de tel oiseau mâle pendant la période des parades nuptiales, en l'empêchant presque de voler et en l'exposant ainsi davantage à la prédation, constitue potentiellement un obstacle à sa survie. Que la tension vers l'union sexuelle reproductive – qui possède à l'évidence un lien d'origine avec ce que l'on appelle l'amour – puisse comporter d'une manière intime et permanente un risque de mort est une observation darwinienne qui ne devrait pas échapper à la perspicacité de la psychanalyse.

IV. – Sélection sexuelle et sélection naturelle

La sélection sexuelle, on l'a dit, sélectionne des caractères sexuels secondaires, c'est-à-dire des organes ou des traits morpho-anatomiques appartenant en propre à un seul sexe (le sexe mâle en l'occurrence), lesquels, sans avoir de lien direct avec la génération, en favorisent cependant l'accomplissement : c'est le cas par exemple des organes de préhension développés chez les seuls mâles de nombreuses espèces (certains Crustacés notamment), et qui leur servent occasionnellement à saisir et à maintenir la femelle lors de l'accouplement.

L'hérédité liée à un seul sexe est donc nécessaire pour penser la transmission des caractères sexuels secondaires. Lorsque ces derniers sont l'occasion d'une supériorité dans la lutte, les individus qui en sont porteurs, et qui sont de ce fait capables d'engendrer un plus grand nombre de descendants et d'en assurer la protection, transmettent à ceux-ci cet avantage. Certes, la sélection naturelle suffit à expliquer chez le mâle l'existence d'organes tels que les organes des sens et de la locomotion, qui servent à trouver la femelle en même temps qu'à de nombreux autres usages. Cependant, la sélection sexuelle a dû jouer un rôle non négligeable dans la formation et le perfectionnement de ces organes, dans la mesure où c'est ce perfectionnement même qui assure à certains mâles leur domination sur d'autres mâles et confère aux mieux armés la faculté de transmettre cet avantage à leurs descendants du même sexe. Il faut également noter que les mâles avantagés ayant la possibilité de conquérir les femelles les plus saines et les plus vigoureuses, qui sont également les plus précoces sous le rapport de la fécondité, l'avantage se répartit entre les descendants des deux sexes sous la forme commune d'une santé et d'une vigueur physique augmentées.

« Il y a beaucoup d'autres structures, écrit Darwin, et beaucoup d'autres instincts qui ont dû se développer sous l'effet de la sélection sexuelle, comme les armes offensives et les moyens de défense des mâles pour combattre et chasser leurs rivaux ; leur courage et leur pugnacité ; leurs ornements variés ; leurs dispositifs pour produire de la musique vocale ou instrumentale, et leurs glandes pour émettre des odeurs, la plupart de ces structures ne servant qu'à attirer et exciter la femelle. Il est clair que ces caractères sont le résultat de la sélection sexuelle, et non de la sélection ordinaire, puisque des mâles sans armes, sans ornements et sans attraits réussiraient tout aussi bien dans la bataille pour la vie, et parviendraient à laisser une nombreuse progéniture, s'ils ne se trouvaient en présence de mâles mieux doués. Nous pouvons conclure qu'il en serait ainsi, parce que les femelles, qui n'ont ni armes ni ornements, sont capables de survivre et de propager leur espèce » (chap. VIII).

Ainsi, la sélection sexuelle se superpose à la sélection naturelle, travaillant elle aussi à une amélioration qui, pour être de l'ordre de l'aptitude reproductive et de la transmission en ligne mâle de caractères sexuels secondaires avantageux, n'en atteint pas moins bénéfiquement l'ensemble de la conformation et de la santé foncière des individus des deux sexes, par le double mouvement qui pousse les mâles les mieux doués à s'emparer des femelles les plus saines et les plus tôt prêtes à la fécondation, et les femelles à préférer les mâles les plus attrayants, ce qui a pour conséquence une amélioration globale du niveau physique de la descendance : il devient dès lors difficile de démêler ce qui est dû à la sélection sexuelle et ce qui est l'effet ordinaire de la sélection naturelle.

Il est intéressant de noter que le raisonnement qui, chez Darwin, sert à établir la naturalité de la sélection sexuelle, est le même qui a servi à établir celle de la sélection naturelle : si en effet l'Homme pratique une sélection sexuelle *artificielle* sur ses animaux domestiques – améliorant dans le sens de ses goûts ou de ses besoins telle ou telle race de coqs par exemple –, il s'en induit nécessairement que la *nature* détient la capacité de sélectionner les caractères sexuels secondaires (dont la variabilité est nettement accusée), dans le sens d'un avantage reproductif, et d'améliorer ainsi l'aspect physique des mâles de telle ou telle espèce. La démarche explicative de Darwin à propos de la sélection sexuelle dans *La Filiation de l'Homme* est en cela exactement parallèle à celle qui a été mise en œuvre en 1859 dans *L'Origine des espèces* pour faire comprendre, à travers l'existence avérée de la sélection artificielle, l'existence probable d'une sélection opérant librement au sein de la nature :

« De même que l'homme peut améliorer la race de ses coqs de combat en sélectionnant les volatiles qui sont victorieux dans l'arène, de même il apparaît que les mâles les plus forts et les plus vigoureux, ou ceux qui sont pourvus des meilleures armes, l'ont emporté à l'état de nature et ont conduit à l'amélioration de la race naturelle ou de l'espèce. Un léger degré de variabilité conduisant à quelque avantage, même léger, au cours de combats à mort réitérés suffirait à mettre en œuvre la sélection sexuelle ; or, il est certain que les caractères sexuels secondaires sont éminemment variables. De même que l'homme peut rendre plus beaux, selon ses critères de goût, ses coqs de basse-cour, ou plus précisément peut modifier la beauté acquise à l'origine par l'espèce parente, de même qu'il peut donner au Bantam Sebright un plumage nouveau et élégant, un port dressé particulier, de même il apparaît que les oiseaux femelles, à l'état de nature, par une longue sélection des mâles les plus attrayants, ont ajouté à leur beauté ou à d'autres qualités qui les rendent attrayants » *(ibidem)*.

Il semble donc d'une manière générale que chez presque tous les animaux à sexes séparés, il doive y avoir une compétition « périodique et constante » entre les mâles pour la possession des femelles, compétition au sein de laquelle la force, les armes et la beauté physiques des mâles d'une part, le choix exercé par les femelles d'autre part, jouent un rôle déterminant.

Au terme d'un long recensement, Darwin aboutit à la conclusion suivant laquelle les caractères sexuels secondaires sont généralement plus accentués chez les mâles des espèces polygames. En voici la raison : on admet au départ qu'une prépondérance numérique des mâles sur les femelles constitue une condition favorable à la rivalité des mâles, donc au développement chez ces derniers de caractères sexuels secondaires plus ou moins marqués selon les individus, d'où il suit que les mieux armés l'emporteront dans la compétition reproductive. Or, la polygamie, qui est la situation où un seul mâle, en raison de sa force, de sa combativité ou de sa séduction, gouverne un harem de femelles, produit les mêmes effets que l'inégalité numérique des sexes : de nombreux mâles – « et ce sont certainement, écrit Darwin, les plus faibles et les moins attrayants » *(ibidem)* – ne pourront pas s'accoupler. On peut penser également qu'étant donné cette situation, il faudra d'autant plus de qualités à un mâle non seulement pour conquérir, mais pour conserver ses femelles et protéger ses petits. Les mâles écartés de l'accouplement ne le sont pas toutefois d'une manière définitive, mais ne peuvent la plupart du temps s'unir qu'à des femelles moins vives, ce qui rejaillit négativement sur la qualité de leur descendance des deux sexes.

Les modifications qui déterminent les différences intersexuelles de l'apparence extérieure chez de nombreuses espèces sont généralement plus accusées chez le mâle que chez la femelle. Le fait que les mâles soient plus ardents, plus combatifs et qu'ils aient presque toujours l'initiative de la poursuite amoureuse entraîne indirectement chez eux un développement plus fréquemment remarquable des caractères sexuels secondaires. Il faut cependant se souvenir que l'apparente passivité des femelles n'exclut pas cependant, de leur part, un *choix* déterminant lors de l'acceptation du mâle.

Chapitre V

L'EXPRESSION DES ÉMOTIONS

L'année qui suit la publication de *La Filiation de l'Homme* voit paraître en février la sixième et dernière édition de *L'Origine des espèces* (3 000 exemplaires), qui comporte la mise au point de nouvelles réponses aux objections adressées à la théorie, et demeurera l'édition standard. Cette même année 1872 est également (26 novembre) celle de la parution d'un ouvrage qui pose les fondements de la psychologie animale et de l'éthologie comparative évolutionnistes, tout en étant lui aussi un effort d'illustration de la théorie de la descendance étendue à l'Homme : *The Expression of the Emotions in Man and Animals*.

Cet ouvrage, dont une grande partie de la documentation a été recueillie par voie d'enquêtes et de questionnaires, constitue en fait une sorte de chapitre détaché de *The Descent of Man*. Il s'agit pour Darwin de se livrer à une étude comparative des manifestations émotionnelles chez l'Homme et chez les animaux, afin de mettre en évidence entre eux, par le biais du rapport de la psychologie, de la physionomie et des attitudes corporelles, une continuité des comportements réactionnels. Cette démonstration est destinée, d'une façon indissociable, à argumenter contre l'interprétation créationniste et finaliste de l'expression défendue à partir de 1806 par l'anatomiste Charles Bell dans un travail, par ailleurs techniquement remarquable, qui sera plusieurs fois réédité sous le titre de *The Anatomy and Philosophy of Expression*, et qui professe que les muscles de la face sont « uniquement des instruments de l'expression » ou sont « spécialement disposés à cet effet ».

Darwin distingue d'emblée trois règles structurantes permettant de comprendre le mécanisme effecteur de la plupart des mouvements expressifs :

1/ *principe d'association des habitudes utiles.* – À certains états tensionnels de l'esprit sont habituellement associés certains actes complexes directement ou indirectement utiles, et qui tendent à se déclencher, par une association involontaire, chaque fois que ces états se reproduisent, et lors même qu'ils n'offrent aucune utilité réelle. Voici un exemple propre à Darwin : son mouvement de recul incontrôlé lors de l'assaut d'un serpent dont il était protégé par une vitre. De tels actes peuvent alors faire l'objet d'une inhibition volontaire qui s'accompagne souvent de mouvements de contraction traduisant l'action répressive, et qui sont en eux-mêmes également expressifs ;

2/ *principe de l'antithèse.* – Le passage de l'un de ces états d'esprit induisant de tels actes « utiles » à un état exactement inverse s'accompagne de mouvements expressifs involontaires directement opposés, en dépit de l'inutilité de ces derniers. C'est, par exemple, le comportement du chien passant d'une attitude agressive à un transport de joie affectueuse en reconnaissant son maître.

3/ *principe des actes dus à la constitution du système nerveux*, complètement indépendants de la volonté et jusqu'à un certain point de l'habitude (ou plus brièvement *principe de l'action directe du système nerveux*). – L'excès de force nerveuse engendré par une violente excitation est transmis par la connexion des cellules nerveuses et par l'habitude, ou encore brutalement interrompu, produisant dans les deux cas des actes expressifs. Exemples des tremblements nerveux et de l'accélération du rythme cardiaque lors d'une vive émotion.

Les trois premiers chapitres sont consacrés à illustrer ces trois principes par des faits empruntés à l'observation de l'Homme et des animaux. Les deux suivants décrivent les « expressions spéciales de quelques animaux ». Les chapitres VI à XIII sont employés à l'étude systématique de l'expression des sentiments humains : souffrance et pleurs ; abattement, anxiété, chagrin, découragement, désespoir ; joie, gaieté, amour, sentiments tendres, piété ; dédain, mépris, dégoût, culpabilité, orgueil, impuissance, patience, affirmation et négation ; surprise, étonnement, crainte, horreur ; attention portée sur soi-même, honte, timidité, modestie (rougissement).

La plupart des actes expressifs des émotions sont héréditaires et innés. Certains autres, en petit nombre, paraissent avoir été appris « comme les mots du langage ». Toutefois, on peut supposer, à l'origine des actes expressifs involontaires, une volonté utilitaire relayée par l'habitude transmise. D'autre part, un mouvement involontaire peut être ensuite utilisé volontairement (on retrouve ici, sans doute à l'insu de Darwin, le thème condillacien si remarquable de l'*apprentissage des signes naturels*).

L'hérédité des habitudes acquises est le principe sur lequel se fonde la théorie darwinienne de l'expression des émotions. Certains actes d'abord volontaires deviennent bientôt habituels, finissent par devenir héréditaires, et peuvent même, alors, se produire malgré l'opposition de la volonté. Ces conduites, non consciemment finalisées à l'origine en tant qu'actes expressifs, étaient au départ des actes directement utiles ou des résultats indirects de l'excitation du *sensorium*. Dans le commerce entre les individus, la question demeure de savoir si la compréhension des actes expressifs d'autrui est innée ou bien dérive de l'expérience et de l'apprentissage. Darwin penche pour la thèse d'une sympathie instinctive (ce qui est cohérent avec le développement de la théorie des instincts sociaux dans *La Filiation*). L'identité remarquable des principales expressions humaines dans le monde tend à confirmer l'idée d'une origine unique des différentes races de l'humanité à partir d'une souche commune (monogénisme).

Le travail de Darwin influencera l'histoire ultérieure de la réflexion éthologique et de la psychologie animale et humaine, par l'intermédiaire notamment de George John Romanes (1848-1894) – qui publiera en 1883 *Mental Evolution in Animals*, ouvrage dans lequel il recherche systématiquement les indices des manifestations anté-humaines de certaines émotions – et de William James (1842-1910), qui entame en 1875 un vaste programme d'étude des relations entre psychologie et physiologie.

Chapitre VI

LE DARWINISME DÉNATURÉ : DARWINISME SOCIAL, SOCIOBIOLOGIE, EUGÉNISME

I. – Erreurs premières

L'idée que la sélection naturelle, en tant que loi universelle de l'évolution, doit nécessairement, de ce fait, s'appliquer aussi, avec toutes ses conséquences cruellement éliminatoires, au fonctionnement et au devenir historique des sociétés humaines imprègne l'Occident depuis les années qui suivirent la parution de *L'Origine des espèces*.

Or, Darwin, dans le premier ouvrage zoologique – le *Voyage*, étant un récit, possède un statut différent – où il traite expressément de l'Homme et de la civilisation (*La Filiation de l'Homme* de 1871), a argumenté avec une remarquable cohérence théorique son opposition à cette idée triviale dont l'hyper-libéralisme sélectionniste a fait, de Spencer à Friedrich von Hayek (1899-1992), l'axe de son idéologie.

Cette invraisemblable confusion, qui a dénaturé pendant plus d'un siècle l'interprétation complète et rigoureuse de la pensée de Darwin par le biais de l'ignorance ou du travestissement résolu de son anthropologie, est celle-là même que l'on voit se perpétuer dans la conscience commune et que réactivent encore trop de commentaires superficiels et d'introductions hâtives à une œuvre non lue. Darwin serait à la fois le fondateur du « darwinisme social » propre au libéralisme extrême en même temps que le père d'un eugénisme ultra-interventionniste – ce qui est pour le moins contradictoire –, le garant de l'expansion coloniale impérialiste – combattue en principe par les libéraux anglais, dont il était proche –, le propagandiste de la concurrence économique dure, un partisan du malthusianisme (alors qu'il en rejetait la principale recommandation : la limitation des naissances dans les classes pauvres) et le théoricien du « racisme scientifique » (qu'il haïssait).

Cette confusion a une histoire, qui commence aujourd'hui à être connue. Elle est due pour l'essentiel à trois causes parfaitement établies : l'hégémonie de la philosophie évolutionniste de Spencer pendant la période de l'ascension scientifique de la théorie darwinienne ; le développement coextensif de l'eugénisme de Galton en référence à la théorie sélective ; la conviction des « darwiniens » considérant *La Filiation* comme l'extension homogène de *L'Origine*.

II. – Le « darwinisme social » de Spencer et l'anthropologie de Darwin

L'ingénieur philosophe Herbert Spencer (1823-1903) expose sa propre « loi d'évolution » dans le « Plan général de la philosophie synthétique » du 6 janvier 1858, publié sous forme de « Programme » en 1860, deux ans avant la publication des *Premiers Principes*, qui paraissent en 1862. La « loi d'évolution » décrit le passage des agrégats, par un processus d'intégration et de différenciation, d'un état primitif indéfini, incohérent et homogène vers un état défini, cohérent et hétérogène (processus correspondant à un accroissement de complexité conduisant jusqu'aux extrêmes raffinements organisationnels des corps vivants, de l'individualité humaine et des sociétés).

La « loi » ainsi énoncée sera appliquée à toutes les catégories de phénomènes et à tous les domaines du savoir, ainsi qu'à la théorie de la connaissance elle-même. Le versant sociologique de la pensée spencérienne est particulièrement représentatif des aspirations de la bourgeoisie industrielle anglaise : *la société est un organisme* et évolue comme un organisme. L'adaptation (pensée par Spencer en des termes fondamentalement lamarckiens qui n'intégreront le darwinisme que pour le trahir) est la règle de survie au sein d'une concurrence interindividuelle généralisée : les moins adaptés doivent être éliminés sans recours et sans égards. Spencer s'opposera ainsi à toute mesure visant à venir en aide aux défavorisés et à toute forme de loi d'assistance. Ce qu'il emprunte à Darwin (mais à ce niveau, ce pourrait être aussi bien à Malthus) est donc le « noyau dur » de la théorie sélective telle qu'il le découvre au mois d'octobre 1858 lorsqu'il prend connaissance de la présentation commune des textes de Darwin et de Wallace devant la *Linnean Society* de Londres. Dès lors, son souci sera de l'appliquer non pas tant au domaine où son usage serait légitime (l'évolution des organismes), qu'à un univers au sein duquel Darwin en refuse précisément l'application mécanique : les sociétés humaines. C'est ainsi qu'il emprunte à Darwin, en dépit d'un lamarckisme revendiqué, la théorie de la sélection naturelle, rebaptisée « survie des plus aptes » afin d'en évacuer les éventuelles connotations anthropomorphiques.

À la faveur du concurrentialisme qui règne sur les mentalités des grands acteurs et soutiens de l'industrialisme victorien, la confusion s'établira entre les concepts et les théories. Darwin sera lu à travers la lunette de Spencer et doté d'appendices sociologiques spencériens ajustés aux réquisits idéologiques du nouvel état économique et social de la nation anglaise. La « sociobiologie » américaine, popularisée par Edward O. Wilson dans le dernier quart du XXe siècle, ultime remaniement systématique du versant « social-darwiniste » du spencérisme, sera, dans son pansélectionnisme et ses tentatives d'intégration des sciences sociales sous l'autorité des sciences biologiques, l'héritière de cette erreur de lecture.

Il importe donc d'identifier, dans la logique de l'anthropologie de Darwin telle qu'elle s'expose intelligiblement, pour qui sait lire, au sein de *La Filiation de l'Homme et la Sélection sexuelle* (1871), ce qui l'oppose à l'hyper-sélectionnisme biologico-social de Spencer, véritable inventeur de l'improprement nommé « darwinisme social » et créateur de tous les paradigmes communs aux « sociobiologies » qui dans le monde entier accompagneront périodiquement l'essor tumultueux du système libéral.

III. – La civilisation, le matérialisme et la morale

Il faut ici revenir d'une manière plus approfondie, comme nous l'annoncions au chapitre IV, sur l'analyse de cette clé du passage à la culture que constitue le concept d'*effet réversif de l'évolution*.

Figure logique centrale de l'anthropologie darwinienne (à distinguer de l'anthropologie évolutionniste), l'*effet réversif de l'évolution*[1] est ce qui permet de penser chez Darwin la transition progressive entre ce que l'on nommera par commodité la sphère de la *nature*, régie par la stricte loi de la sélection, et l'état d'une société *civilisée*, à l'intérieur de laquelle s'institutionnalisent des conduites qui *s'opposent* au libre jeu de cette loi.

Si ce concept n'est nulle part *nommé* dans l'œuvre de Darwin, il y est cependant *décrit* et opère dans certains développements importants (notamment les chap. IV, V et XXI) de *La Filiation de l'Homme* de 1871, ouvrage dont nous avons vu en quel sens il constitue bien la poursuite cohérente, dans le registre de l'histoire évolutive de l'Homme naturel et social, de la théorie sélective exposée dans *L'Origine des espèces* de 1859. Il résulte d'un paradoxe identifié par Darwin au cours de son effort pour penser le devenir social et moral de l'humanité comme une conséquence particulière de l'application antérieure et universelle de la loi sélective à l'ensemble du monde animal.

Ce paradoxe peut se formuler ainsi : la sélection naturelle, principe directeur de l'évolution impliquant l'élimination des moins aptes dans la lutte pour l'existence, sélectionne dans l'humanité une forme de vie sociale dont la marche vers la « civilisation » tend à exclure de plus en plus, à travers le jeu lié de la morale et des institutions, les comportements éliminatoires. En termes simplifiés, *la sélection naturelle sélectionne*

1. Patrick Tort, *La Pensée hiérarchique et l'Évolution*, Paris, Aubier, 1983.

la civilisation, qui s'oppose à la sélection naturelle. Comment résoudre un tel paradoxe ?

On doit avoir présent à l'esprit le fait que la sélection naturelle – il s'agit chez Darwin d'un point fondamental – sélectionne non seulement des variations organiques présentant un avantage adaptatif, mais aussi des *instincts*.

Parmi ces instincts avantageux, ceux que Darwin nomme les *instincts sociaux* ont été tout particulièrement retenus et développés, ainsi que le prouvent le triomphe universel du mode de vie sociale au sein de l'humanité et la tendancielle hégémonie des peuples « civilisés ».

Or, dans l'état de « civilisation », résultat complexe d'un accroissement de la rationalité, de l'emprise grandissante du sentiment de « sympathie » et des différentes formes morales et institutionnelles de l'altruisme, on assiste à un renversement de plus en plus accentué des conduites individuelles et sociales par rapport à ce que serait la poursuite pure et simple du fonctionnement sélectif antérieur : au lieu de l'élimination des moins aptes apparaît, avec la civilisation, le devoir d'assistance qui met en œuvre à leur endroit de multiples démarches de secours et de réhabilitation ; au lieu de l'extinction naturelle des malades et des infirmes, leur sauvegarde par la mobilisation de technologies et de savoirs (hygiène, médecine, exercice corporel) visant à la réduction et à la compensation des déficits organiques ; au lieu de l'acceptation des conséquences destructrices des hiérarchies naturelles de la force, du nombre et de l'aptitude vitale, un interventionnisme rééquilibrateur qui s'oppose à la disqualification sociale.

Par le biais des instincts sociaux, la sélection naturelle, sans « saut » ni rupture, a ainsi sélectionné son contraire, soit : un ensemble normé, et en extension, de comportements sociaux anti-éliminatoires – donc anti-sélectifs au sens que revêt le terme de sélection dans la théorie développée par *L'Origine des espèces* –, ainsi, corrélativement, qu'une éthique de la protection des faibles traduite en principes, en règles de conduite et en lois.

L'émergence progressive de la *morale* apparaît donc comme un phénomène indissociable de l'évolution, et c'est là une suite normale du matérialisme de Darwin et de l'inévitable extension de la théorie de la sélection naturelle à l'explication du devenir des sociétés humaines. Mais cette extension, que trop de théoriciens, abusés par l'écran tissé autour de Darwin par la philosophie évolutionniste de Spencer, ont interprétée hâtivement sur le modèle simpliste et faux du *darwinisme social* libéral (application aux sociétés humaines du principe de l'élimination des moins aptes au sein d'une concurrence vitale généralisée), ne peut en toute rigueur s'effectuer que sous la modalité de l'*effet réversif*, qui oblige à concevoir le renversement même de l'opération sélective comme base et condition évolutive de l'accession à la « civilisation ». C'est ce qui interdit définitivement que la « sociobiologie », qui défend au contraire, à l'opposé de toute la logique anthropologique de Darwin, l'idée d'une continuité *simple* (sans renversement) entre nature et société, puisse à bon droit se réclamer du darwinisme.

L'opération réversive est ainsi ce qui fonde la justesse finale de l'opposition nature/culture, en évitant le piège d'une « rupture » magiquement installée entre ses deux termes : la continuité évolutive, à travers cette opération de renversement progressif liée au développement (lui-même sélectionné) des instincts sociaux, produit de cette manière non pas une rupture effective, mais un *effet de rupture* qui provient de ce que la sélection naturelle s'est trouvée, dans le cours de sa propre évolution, *soumise elle-même à sa propre loi* – sa forme nouvellement sélectionnée, qui favorise la protection des faibles, l'emportant, parce que avantageuse, sur sa forme ancienne, qui privilégiait leur élimination. L'avantage nouveau n'est plus alors d'ordre biologique : il est devenu *social*.

Darwin permet ainsi de penser le rapport nature/civilisation en échappant au double dogmatisme de la continuité (discours de type « sociobiologique ») et de la rupture (discours de type lévi-straussien), évitant aussi bien la réciproque extériorité du biologique et du social (un sociologisme qui exclurait méthodologiquement la prise en compte de tout facteur naturaliste) que le réductionnisme ordinaire, pour lequel tout le social n'est que la traduction d'impulsions issues d'un niveau quelconque (variable suivant l'état historique des investigations sur le vivant) de la biologie. En bref, Darwin rend possible, dans la pensée de ce rapport complexe, un continuisme matérialiste imposant la représentation d'un renversement progressif (pensable en termes de divergence sélectionnée à l'intérieur de la sélection naturelle, elle-même en évolution et se soumettant de ce fait à sa propre règle avant d'entrer en régression sous sa forme ancienne) qui s'écarte des artefacts théoriques tels que le « bond qualitatif » tout en sauvant évolutivement l'indépendance finale des sciences de l'homme et de la société.

Corrélativement, Darwin produit, à travers le motif dialectique de la sélection des conduites anti-sélectives et du sentiment de sympathie, couplé avec celui de l'accroissement de la rationalité et de l'importance grandissante accordée par chaque sujet à l'opinion publique, une *théorie matérialiste des bases de la morale* qui préserve de même l'indépendance conquise par les décisions et la réflexion éthiques (grâce à l'effet de rupture produit par le renversement), tout en permettant de soustraire celles-ci à l'emprise dogmatique des morales théologiques de l'obligation transcendante.

IV. – **Galton et l'eugénisme**

La deuxième cause de méprise et de confusion fut la naissance de l'eugénisme. Son premier et principal théoricien fut un cousin de Darwin, Francis Galton (1822-1911), statisticien passionné en particulier par l'étude des phénomènes héréditaires. Il fit quelques études médicales, fut profondément marqué en 1859 par la lecture de *L'Origine des espèces*, et dès 1865 commença à produire les thèses fondamentales de la doctrine qui – combinant une forte conviction héréditariste, la crainte de la dégénérescence et le vœu compensatoire d'une sélection artificielle appliquée à l'humanité – allait prendre avec lui le nom d'*eugénisme*. La proposition de base en est assez simple : la sélection naturelle assurant dans l'ensemble du monde vivant la diversité des espèces et la promotion des plus aptes à partir du tri des variations avantageuses, la même chose devrait se produire dans la société humaine, eu égard en particulier aux caractères intellectuels. Or, la civilisation développée entrave le libre jeu de la sélection naturelle en favorisant la protection et la reproduction des existences médiocres. Il faut donc engager une action de *sélection artificielle* institutionnalisée afin de compenser ce déficit et d'alléger ce fardeau nuisible à la qualité biologique et psychique du groupe social. À la lumière de *La Filiation* de 1871, on comprend que cette attitude était inconciliable avec ce qu'allait énoncer l'anthropologie de Darwin et contradictoire avec le darwinisme strictement entendu (celui de Darwin), pour lequel la sélection artificielle ne peut être appliquée qu'aux plantes cultivées et aux animaux d'élevage. Pour Darwin, en effet, celui qui traiterait un autre être humain, quels que soient son degré d'éloignement racio-culturel et ses caractéristiques physiques ou psychiques, comme autre chose que son « semblable » contreviendrait à la loi proprement civilisationnelle de l'extension progressive de la sympathie et régresserait sur l'échelle de l'évolution humaine jusqu'à l'état de sauvagerie ancestrale :

« L'aide, écrit Darwin, que nous nous sentons poussés à apporter à ceux qui sont privés de secours est pour l'essentiel une conséquence inhérente de l'instinct de sympathie, qui fut acquis originellement comme une partie des instincts sociaux, mais a été ensuite, de la manière dont nous l'avons antérieurement indiqué, rendu plus délicat et étendu plus largement. Nous ne saurions réfréner notre sympathie, même sous la pression d'une raison implacable, sans porter atteinte à la partie la plus noble de notre nature. Le chirurgien peut se durcir en pratiquant une opération, car il sait qu'il est en train d'agir pour le bien de son patient ; mais si nous devions intentionnellement négliger ceux qui sont faibles et sans secours, ce ne pourrait être qu'en vue d'un bénéfice imprévisible, lié à un mal présent qui nous submerge. Nous devons par conséquent supporter les effets indubitablement mauvais de la survie des faibles et de la propagation de leur nature » (*La Filiation de l'Homme*, chap. V).

Galton, qui non plus que d'autres ne pressent ce que Darwin écrira en 1871, et qui ne peut, en tout état de cause, l'entrevoir dans les années 1860, poursuit donc sa tâche d'explication militante de l'urgence d'une politique eugéniste scientifiquement conduite pour freiner la dégénérescence probable des civilisés : il tente de démontrer le caractère héréditaire des qualités intellectuelles et d'établir statistiquement la stricte hérédité du génie (*Hereditary Genius*, 1869) en faisant totalement abstraction des facteurs éducatifs. L'eugénisme de Galton, ainsi que le rapporte Darwin lui-même dans *La Filiation* (chap. V), était hostile à la « reproduction des pauvres et des insouciants », pensée comme un obstacle à l'augmentation numérique des hommes « supérieurs ». Darwin conclura quant à lui, à l'inverse, en défendant le principe d'une compétition ouverte à tous, répondant ainsi, à partir de l'idée d'une sélection encore nécessaire pour améliorer l'homme *en tant que sujet des valeurs de civilisation*, à la fois au malthusianisme et à l'eugénisme galtonien. À la fin de *La Filiation de l'Homme*, en effet (chap. XXI : « Conclusion principale »), Darwin, défendant ses propres conclusions contre toutes formes de sélection artificielle appliquée aux sociétés humaines, écrit :

« Par conséquent, notre taux naturel de croissance, même s'il conduit à de nombreux et évidents malheurs, ne doit d'aucune manière être grandement diminué. Il devrait y avoir compétition ouverte pour tous les hommes ; et l'on ne devrait pas empêcher, par des lois ou des coutumes, les plus capables de réussir le mieux et d'élever le plus grand nombre de descendants. »

Il s'agit de n'entraver par aucun artifice coercitif ou limitatif le libre jeu d'une compétition dans laquelle les individus, *quelle que soit leur origine sociale*, doivent avoir la possibilité de prouver leur valeur. Darwin défend en toutes lettres le droit des plus pauvres à la procréation, refusant donc implicitement de considérer la pauvreté comme l'indice d'une infériorité héréditaire. Le malthusianisme est d'abord rejeté parce qu'il heurte le principe même de la poursuite du perfectionnement sélectif au sein des sociétés humaines. Mais il ne faut pas oublier que les modalités de cette « poursuite » sont *éthiques*, donc opposées à la version éliminatoire, supplantée dans l'évolution, de la sélection naturelle :

« Si importante qu'ait été, et soit encore, la lutte pour l'existence, cependant, en ce qui concerne la partie la plus élevée de la nature de l'homme, il y a d'autres facteurs plus importants. Car les qualités morales progressent, directement ou indirectement, beaucoup plus grâce aux effets de l'habitude, aux capacités de raisonnement, à l'instruction, à la religion, etc., que grâce à la sélection naturelle ; et ce, bien que l'on puisse attribuer en toute assurance à ce dernier facteur les instincts sociaux, qui ont fourni la base du développement du sens moral. »

L'interventionnisme social de Darwin est donc rééquilibrateur : il s'agit de maintenir ouverte la voie de la *civilisation*, qui impose de produire « un grand nombre d'hommes bien doués », c'est-à-dire faisant le plus grand cas de l'altruisme et de la solidarité.

Tout en affinant l'application des méthodes statistiques à la biologie, les continuateurs de Galton – les « biométriciens » ralliés au principe de la sélection darwinienne, notamment Karl Pearson (1857-1936) – partageront avec lui la responsabilité historique de l'élaboration première de la doctrine eugéniste. On pourrait noter ici que l'infléchissement propre au travail de Galton, qui substitue à l'importance chez Darwin de l'individualité biologique et de ses avatars évolutifs celle d'un ensemble populationnel soumis en tant que tel à la sélection, favorise d'emblée tous les discours et entreprises à venir qui vont, au nom de l'amélioration de la qualité biologique du groupe social en tant que tel, recommander comme nécessaire l'élimination de certaines catégories d'individus porteurs de « mauvaises » variations. L'opposition entre la conception galtonienne et la conception darwinienne de la variation éclate d'ailleurs vers la fin des années 1870, au sein d'une histoire complexe qui est à la fois celle de l'émergence de la biologie mathématique et celle des idéologies de l'optimisation normalisante du niveau biologique des populations. On retiendra ici, seulement, l'idée d'un risque constant d'enfermement de la rationalité mathématique en elle-même, d'oubli des réalités biologiques de l'organisme et de disparition de l'individu derrière l'écran des mesures, des caractères quantifiables et des abstractions statistiques. Comme à un autre niveau l'anthropologie physique, la biométrie, comportant le trait constitutionnel d'une déshumanisation méthodologique relative de son objet était parfaitement susceptible, sous l'action de certaines forces politico-idéologiques, de servir d'instrument à des prescriptions et à des pratiques interventionnistes sur la vie et la reproduction des individus, au nom de la qualité biologique de la communauté, et ce, d'autant plus que chez son principal inspirateur, Galton, le penchant élitiste était initial, et que son premier continuateur, Pearson, optait clairement pour une « modification de la fertilité relative des bonnes et des mauvaises souches » au sein du groupe social (formule qui, au passage, rend problématique et toujours instable la distinction entre un eugénisme « positif » et un eugénisme « négatif »). Corrélativement, la science quantitative naissante nourrissait déjà le projet d'une annexion des sciences sociales. La génétique mendélienne, après un débat houleux avec la biométrie, l'intégrera progressivement à son versant quantitatif, et des généticiens prendront alors le relais de l'eugénisme, soutenu également par de nombreux médecins, naturalistes et sociologues biologistes au cours des premières décennies du XXe siècle.

Une chose est à retenir : l'eugénisme, dans son acte de fondation moderne (galtonien), est profondément pénétré de l'idée, qui sera universellement reprise, que dans les sociétés civilisées, la sélection naturelle, du fait des diverses mesures de protection sociale et sanitaire, ainsi que des conditions générales de confort qui maintiennent les existences individuelles à l'écart de tout risque majeur, ne joue plus le rôle discriminant et éliminatoire qu'elle assurait dans la « nature », et dont l'effet était de privilégier les meilleures souches sur le plan de la survie différentielle et de la reproduction. D'où la crainte, étayée de mille exemples, d'une « dégénérescence » globale (thème déjà acclimaté par la psychiatrie héréditariste) des populations humaines au niveau de leurs caractéristiques biologiques. D'où enfin la recommandation de mesures institutionnelles d'intervention correctrice et compensatoire visant à restaurer la qualité biologique du groupe par l'introduction d'une sélection artificielle appliquée à ses membres. Là se trouve le noyau théorique de l'eugénisme moderne, et l'on a vu à quel point Darwin y était opposé. L'idée d'un Darwin eugéniste est l'une des mystifications les plus graves qui aient pu émaner des eugénistes eux-mêmes et, simultanément, de l'ignorance de la plupart de ceux qui ont fait mine de les combattre.

La complexité extraordinaire des rapports entre eugénisme et darwinisme social dans les différents pays qui ont été le théâtre de la diffusion des idées nées de la biologie moderne est telle qu'aucune règle absolument constante ne saurait être formulée pour définir une homogénéité doctrinale réellement stable, à l'exception peut-être de celle attachée au schéma de base qui vient d'être décrit (défaut de sélection naturelle → dégénérescence → sélection artificielle). Aux États-Unis, qui sont à la fois le territoire de l'exportation massive du « darwinisme social » hyper-libéral de Spencer (lequel ne comportait pas, tout au moins chez son fondateur, la prescription de mesures eugénistes ou racistes) et une terre d'immigration multiraciale, d'esclavage et de ségrégation, l'eugénisme stérilisateur d'activistes institutionnels tels que Charles B. Davenport (1866-1944) et Henry H. Laughlin (1880-1943) sévit cruellement pendant une longue période qui commence vers 1904. Les « faibles d'esprit », les porteurs de maladies déclarées « héréditaires » et les pauvres sont les cibles de ce terrible mouvement. Des pratiques analogues se développent dans les pays scandinaves. En Allemagne, la grande figure d'Ernst Haeckel (1834-1919), naturaliste lamarckien fondateur du *Sozial-Darwinismus* national, se mêle à l'eugénisme et au « combat pour la civilisation » *(Kulturkampf)* engagé par Bismarck, développant dans ses ouvrages de vulgarisation les thèmes de l'euthanasie et de la « sélection spartiate », qui se retrouveront au cœur des motifs clés du nazisme, que développeront dans leurs laboratoires les « hygiénistes raciaux » Alfred Ploetz (1860-1940), Ernst Rüdin (1874-1952),

Eugen Fischer (1874-1967) et bien d'autres. Les mesures nazies de stérilisation humaine se déploieront entre 1933 et 1940, et le programme d'élimination des juifs, considérés comme dysgéniques, sera appliqué à leur suite.

En France, l'eugénisme d'un Georges Vacher de Lapouge (1854-1936) demeure étroitement lié aux slogans d'un « darwinisme social » peu nuancé, et les déclarations eugénistes demeureront essentiellement des exhortations, bien que la proximité de l'Allemagne et l'épuration nazie aient fait rêver plus tard quelques médecins racistes tels que le gobinien René Martial. L'eugéniste le plus connu fut sans doute alors le médecin (émigré aux États-Unis) Alexis Carrel (1873-1944), prix Nobel en 1912, auteur du célèbre ouvrage *L'Homme, cet inconnu* (1935), où il se montre le répétiteur médiocre du discours ordinaire de l'hygiène raciale allemande et de l'eugénisme stérilisateur américain. Carrel, partisan déclaré, en 1936, des mesures nazies d'épuration biologique de la race et promoteur de l'usage des chambres à gaz pour le traitement « humain et économique » du problème posé à la société par certains délinquants et malades mentaux. Carrel, créant et dirigeant sous l'autorité du maréchal Pétain une « Fondation française pour l'étude des problèmes humains » à vocation eugéniste fort proche de celle dont le Norvégien Jon Alfred Hansen Mjøen (1860-1939) avait fait le projet en 1915. Carrel, envoyant ses équipes enquêter sur la « qualité biologique » des familles immigrées pendant l'Occupation de la France par les nazis. Carrel, adhérant au Parti populaire français, collaborationniste, de Jacques Doriot. Carrel, rêvant d'une « aristocratie biologique héréditaire » et de la fin de la démocratie.

Carrel, dont la France efface aujourd'hui le nom, malgré les efforts de certains nostalgiques, sur les plaques de ses rues et de ses établissements publics.

De Darwin au nazisme, la voie est sinueuse et traversée de courants dont la caractéristique commune est la trahison de la pensée intégralement développée de Darwin. La vérité sur ce que Darwin a écrit sur l'Homme doit être cherchée non pas dans l'ouvrage où il n'en dit rien *(L'Origine des espèces)*, mais dans celui où il en parle *(La Filiation de l'Homme)* – et où il explique que l'émergence de la morale et de la civilisation, fruit de l'évolution conjointe des instincts sociaux et de la rationalité, est indissociable du mouvement d'extension indéfinie de la *sympathie*. Le transformisme darwinien en anthropologie ouvre ainsi la voie d'une compréhension scientifique des conditions de possibilité d'une éthique débarrassée de tout présupposé religieux. D'une éthique qui explique les valeurs dans leur genèse évolutive, comme tous les autres faits du devenir humain, en les rendant à la responsabilité purement humaine de ceux qui s'en reconnaissent les sujets.

V. – L'antiracisme de Darwin

L'engagement antiraciste de Darwin est d'abord une question de fait. On ne saurait trop rappeler sa détestation violente de l'esclavage, inscrite dans le récit du *Voyage*, dans sa correspondance de jeunesse avec Henslow ou John Maurice Herbert (1808-1882), ainsi que dans les lettres écrites beaucoup plus tard à son ami le botaniste américain Asa Gray (1810-1888) durant la guerre de Sécession. On connaît par ailleurs sa sympathie pour la théorie monogéniste (défendant la thèse d'une origine unique pour l'humanité) et son opposition – à travers ses partisans du X-Club et de *l'Ethnological Society* – au polygénisme raciste et anti-abolitionniste des membres de *l'Anthropological Society of London*, dont l'animateur, James Hunt (1833-1869), ennemi des darwiniens, tournait en dérision les traits physiques et comportementaux des Noirs, et faisait du thème de l'inégalité irréductible des races le motif central de son plaidoyer en faveur d'une politique coloniale dure.

Toujours aux fins d'accréditer une thèse illogique, on s'est longtemps complu à évoquer les réactions du jeune Darwin voyant pour la première fois des Fuégiens dans leur milieu naturel, mais on a toujours oublié de citer le texte du *Voyage* où il souligne les effets rapides de la civilisation sur les Fuégiens introduits à la cour d'Angleterre et ramenés par le *Beagle* dans leur pays natal, ainsi que leur grande similitude psychologique et affective avec ceux qui les raccompagnaient.

L'antiracisme de Darwin est ensuite un choix éthique enraciné dans sa théorie, et la conséquence stricte de son anthropologie évolutive ; le sentiment de *sympathie*, produit des *instincts sociaux* sélectionnés, tend naturellement à s'étendre à l'humanité entière :

« À mesure que l'homme avance en civilisation, et que les petites tribus se réunissent en communautés plus larges, la plus simple raison devrait aviser chaque individu qu'il doit étendre ses instincts sociaux et sa sympathie à tous les membres de la même nation, même s'ils lui sont personnellement inconnus. Une fois ce point atteint, seule une barrière artificielle peut empêcher ses sympathies de s'étendre aux hommes de toutes les nations et de toutes les races. Il est vrai que si ces hommes sont séparés de lui par de grandes différences d'apparence ou d'habitudes, l'expérience malheureusement nous montre combien le temps est long avant que nous les regardions comme nos semblables » (*La Filiation de l'Homme*, chap. IV).

Il faudra répéter longtemps encore, faute d'obtenir que l'on lise *La Filiation de l'Homme* avec l'intelligence requise par son articulation au sein de la cohérence globale de la théorie sélective, que Darwin n'était ni « darwiniste social », ni eugéniste, ni raciste, ni néo-malthusien, ni impérialiste, ni pro-esclavagiste, mais très exactement l'ennemi de tous ces dispositifs de forces idéologiques qui ont tenté récursivement d'utiliser son rayonnement scientifique pour se donner l'ancrage naturaliste dont ils avaient besoin lors de chacune de leurs résurgences.

Darwin a pris position clairement, on l'a vu, contre l'eugénique proposée par Galton, ce qui ne l'empêchait nullement de prendre en considération point par point les arguments galtoniens et la statistique biométrique ; malgré le calme de son caractère et sa prudence d'innovateur scientifique toujours soucieux d'éviter les éclats publics, il s'est toutefois engagé personnellement contre le racisme, et il a argumenté cette position éthique dans *La Filiation* ; par ailleurs, tout en ayant emprunté à Malthus un élément de modélisation mathématique qu'il a clairement appliqué aux dynamiques d'accroissement des populations végétales et animales sur des territoires aux dimensions et aux ressources limitées, il a refusé l'application des recommandations malthusiennes aux sociétés humaines ; il a combattu de même les effets d'exténuation physique et morale introduits outre-mer dans les populations indigènes par l'effraction mortifère de la domination coloniale ; il éprouva enfin durant sa vie entière une aversion sans limites pour l'esclavage et pour chaque forme rencontrée d'humiliation ou de domination brutale de l'homme par l'homme. Tout cela est aujourd'hui – au prix d'un effort explicatif qui est encore loin d'être achevé – connu et vérifié.

La mise en accusation, contre l'évidence logique, historique et textuelle, d'un Darwin rendu responsable, suivant l'opportunité, de tous les fléaux inégalitaires et suprématistes qui ont défiguré le XXe siècle ne saurait être totalement innocente chez ceux qui détiennent en principe la possibilité d'accéder aux sources les plus propres à l'invalider. L'un des programmes d'étude de l'épistémologie historique des discours circum-darwiniens pourrait être, dans la période contemporaine, l'analyse des stratégies sous-jacentes à ce genre d'obstination.

Chapitre VII

OBJECTIONS ET RÉPONSES

Darwin a mis plus de onze ans – de la troisième édition de *L'Origine* en 1861 jusqu'à la sixième et dernière en 1872 – à affiner ses réponses aux critiques dont la théorie de la descendance modifiée par sélection naturelle a été la cible. S'il s'est peu préoccupé des objections de Wilberforce et d'Owen, le premier tentant de réintégrer la sélection dans le sein de la théologie naturelle en lui déniant son rôle créateur, et le second de lui substituer une théorie de la dérivation des espèces à partir de types fixes inspirée de la morphologie idéaliste, de la philosophie de la nature allemande et d'un providentialisme des causes secondes, il s'est en revanche intensément attaché à répondre à celles qui lui paraissaient poser de véritables problèmes au niveau de l'application universelle du principe sélectif à l'interprétation des faits d'évolution.

Au chapitre VI de *L'Origine* (intitulé « Difficultés de la théorie »), Darwin répond à deux objections qui demeureront classiques : celle de la rareté des formes de transition entre des espèces censées descendre les unes des autres par gradations insensibles et celle de la production, par le même mécanisme sélectif, d'organes très peu importants comme la queue de la girafe – simple chasse-mouches – et d'organes d'une haute complexité et d'une grande perfection fonctionnelle tels que l'œil.

L'objection de la rareté des formes de transition actuelles entre espèces distinctes voisinant sur un territoire continu suscite la réponse suivante : la sélection naturelle est un processus lent n'agissant que sur un petit nombre de formes et impliquant le remplacement continuel et l'extinction des formes intermédiaires antérieures. En outre, les mouvements géologiques tendent à faire penser que des spéciations peuvent avoir eu lieu sur des territoires anciennement discontinus (comme des archipels) et climatiquement différents, aujourd'hui réunis. Par ailleurs, des variétés surgissant dans deux régions d'un territoire continu peuvent voir naître dans une étroite zone limitrophe une variété intermédiaire nécessairement moins nombreuse qu'elles, ayant donc beaucoup moins de chances de présenter des variations favorables, et donc aisément supplantée. Dans tous les cas de figure, la tendance est à la production de différences spécifiques marquées, et à la rareté de la survie des formes intermédiaires. Cela n'élimine pas toutefois l'objection qui concerne la rareté des formes de transition fossiles, qui ont dû être dans le temps, ainsi que Darwin le reconnaît au chapitre X de l'édition définitive, extrêmement nombreuses. C'est à elle que répondent dans ce même chapitre et dans le suivant les longs développements sur l'imperfection des archives géologiques :

« J'ai tenté de montrer que l'archive géologique est extrêmement imparfaite ; qu'une petite portion du globe seulement a été explorée avec soin sur le plan de la géologie ; que certaines classes seulement d'êtres organiques ont été conservées en abondance à l'état fossile ; que le nombre d'espèces et de spécimens conservés dans nos musées n'est absolument rien comparé au nombre des générations qui ont dû se succéder, ne serait-ce qu'au cours d'une seule formation ; que, en raison du fait qu'un affaissement du sol est presque nécessaire pour permettre l'accumulation de dépôts riches en espèces fossiles de toutes sortes et assez épais pour résister aux dégradations futures, d'immenses intervalles de temps ont dû s'écouler entre la plupart de nos formations successives ; qu'il y a probablement eu plus d'extinction pendant les périodes d'affaissement et plus de variation pendant les périodes d'exhaussement, l'enregistrement ayant été moins parfait au cours de ces dernières ; que chaque formation particulière n'a pas été déposée d'une manière continue ; que la durée de chaque formation est, probablement, courte en comparaison de la durée moyenne des formes spécifiques ; que la migration a joué un rôle important dans la première apparition de formes nouvelles dans toute zone et dans toute formation ; que les espèces largement répandues sont celles qui ont varié le plus fréquemment, et ont le plus souvent donné naissance à de nouvelles espèces ; que les variétés ont d'abord été locales ; et enfin que, bien que chaque espèce ait dû parcourir de nombreux stades de transition, il est probable que les périodes pendant lesquelles elle a subi des modifications, bien que nombreuses et longues, si on les mesure en années, ont dû être courtes, en comparaison des périodes pendant lesquelles elle est demeurée sans modification[1]. Ces causes, prises conjointement, expliquent dans une large mesure pourquoi – bien que nous trouvions de nombreux maillons – nous ne trouvons pas d'interminables variétés, reliant

1. Cette dernière phrase de Darwin paraît relativiser beaucoup la nouveauté revendiquée par le modèle des « équilibres ponctués » de N. Eldredge et S. J. Gould.

entre elles toutes les formes éteintes et vivantes par les étapes les plus finement graduées. Il faudrait aussi avoir constamment à l'esprit que toute variété qui se trouverait faire le lien entre deux ou plusieurs formes serait infailliblement considérée, à moins que l'on ne pût reconstituer parfaitement la chaîne entière, comme une espèce nouvelle et distincte ; car on ne prétend point détenir de critère certain permettant d'effectuer la séparation entre espèces et variétés » (chap. XI, résumé des chap. X et XI).

Une erreur courante des adversaires – anciens et modernes – de Darwin consiste à se tromper sur la notion même de *forme intermédiaire.* Le chapitre X contient à ce sujet un second paragraphe lumineux :

« En premier lieu, il faudrait toujours avoir à l'esprit quelle sorte de formes intermédiaires a dû, d'après la théorie, exister autrefois. J'ai éprouvé la difficulté qu'il y a, lorsque l'on regarde deux espèces quelconques, à éviter de se représenter des formes *directement* intermédiaires entre elles. Mais c'est là une vision totalement fausse ; ce que nous devrions toujours rechercher, ce sont des formes intermédiaires entre chaque espèce et un ancêtre commun et inconnu ; et cet ancêtre aura généralement différé à certains égards de tous ses descendants modifiés. Pour en donner une simple illustration : les pigeons paon et grosse-gorge descendent tous deux du pigeon de roche ; si nous possédions toutes les variétés intermédiaires qui ont existé, nous aurions une série extrêmement précise entre chacune de ces deux variétés et le pigeon de roche ; mais nous n'aurions pas de variétés directement intermédiaires entre le paon et le grosse-gorge ; aucune qui, par exemple, réunît à la fois une queue quelque peu étalée et un jabot quelque peu dilaté, traits caractéristiques de ces deux races. En outre, ces deux races se sont tellement modifiées que, si nous n'avions de témoignage historique ou indirect concernant leur origine, il aurait été impossible de déterminer, par une simple comparaison de leur structure avec celle du pigeon de roche, *C. livia*, si elles descendent de cette espèce, ou de quelque autre espèce voisine, telle que *C. Œnas*. »

On ne saurait surévaluer chez Darwin l'importance capitale de la longue durée des temps géologiques. À ce réquisit foncier de sa théorie s'adresse en particulier une objection qui le tourmentera fortement, sans toutefois qu'il en ait laissé s'inscrire une trace proportionnée dans *L'Origine des espèces* : celle du célèbre thermodynamicien William Thomson (1824-1907), le futur *lord* Kelvin. En voici le contenu.

L'uniformitarisme de Lyell était, on l'a vu, une composante fondamentale de la géologie darwinienne, qui tendait, en accord avec la théorie de la descendance modifiée, à attribuer à la Terre la grande ancienneté requise par l'extrême lenteur des changements évolutifs. Or, Thomson pensa tirer des données de la thermodynamique la preuve de l'impossibilité pour la Terre, en raison de son degré insuffisant de refroidissement, d'être aussi ancienne. Suivant les conclusions de ses travaux d'alors en ce domaine (1862-1869), l'âge de la Terre pouvait être compris entre vingt et deux cents millions d'années, durée trop courte pour le gradualisme darwinien. C'est Huxley qui lui répondit en février 1869, et Darwin ne fit que souligner dans la dernière édition de *L'Origine* l'insuffisance des connaissances relatives à la constitution physique de l'intérieur du globe pour raisonner avec sûreté sur son âge. Il faudra attendre Pierre Curie

(1859-1906), Ernest Rutherford (1871-1937) et le développement des études sur la radioactivité (dont la perte fournit une énergie qui explique le « retardement » du refroidissement) pour que raison soit donnée aux biologistes darwiniens.

Comme William Thomson, dont il était un proche, l'ingénieur écossais Fleeming Jenkin (1833-1885) a combattu Darwin. Sa critique, parue dans la *North British Review* au mois de juin 1867, et portant elle aussi le sceau de la physique, a été écoutée. Elle comportait cinq arguments principaux :

- les limites de la variation, liées à la force de la tendance au retour, qui s'oppose à ce qu'un variant échappe à l'attraction du type, représenté comme le centre d'une sphère dont aucune forme variante ne saurait franchir l'enveloppe ;
- le pouvoir réel de la sélection naturelle, limité selon lui à l'amélioration d'organes déjà existants, mais incapable d'en former de nouveaux. Il distingue la variation ordinaire et les sauts brusques *(« sports »)*, dont le calcul montre que leur fixation dans une espèce est très peu probable. La sélection et le gradualisme ne sauraient combattre la dilution due aux croisements (cela, bien sûr, dans le cadre d'une théorie de l'hérédité mélangeante) ;
- le temps géologique trop court (reprise commentée de l'argument de Thomson) ;
- les difficultés de la classification, qui sont un phénomène commun à la plupart des systèmes classificatoires (problème de la délimitation des espèces) et qui ne militent pas nécessairement en faveur de la transmutation ;

– diverses observations, liées notamment aux données biogéographiques, paraissent donner raison à Darwin, mais n'entraînent pas que sa théorie soit la seule à pouvoir les expliquer.

Afin de répondre à ce qu'il pensait être la plus sérieuse de ces critiques (celle fondée sur la dilution nécessaire de toute variation individuelle), Darwin émit l'hypothèse qu'une variation pouvait affecter un certain nombre d'organismes, sauvant ainsi la possibilité de la sélection et de l'évolution graduelle. Il faudra attendre la redécouverte des lois de Mendel (loi de ségrégation des caractères) et l'avènement de la génétique pour que les objections telles que celle de Jenkin perdent leur pertinence.

Le plus important des adversaires de la théorie sélective, le juriste et zoologiste converti au catholicisme Saint-George Jackson Mivart (1827-1900), proche d'Owen, partage avec ce dernier le privilège d'être plusieurs fois cité dans *L'Origine*. En 1871, il publie *On the Genesis of Species*, ouvrage dans lequel il expose sa croyance en un pouvoir divin moteur et guide de l'évolution, et adresse à la théorie de la sélection naturelle les critiques suivantes – résumées ici, de même que celles de Jenkin, d'après une étude de J.-M. Goux destinée au Congrès international *Pour Darwin*[1] :

1/ La sélection naturelle ne saurait favoriser les variations (non encore adaptées) figurant les stades initiaux des structures utiles.

2/ Elle ne s'harmonise pas avec la coexistence de structures étroitement similaires dans des groupes éloignés.

1. P. Tort (dir.), *Pour Darwin*, Paris, PUF, 1997.

3/ Les différences spécifiques peuvent s'être développées soudainement, et non graduellement.
4/ L'opinion suivant laquelle les espèces ont des limites définies, quoique très différentes, est toujours recevable. Mivart cite, à ce propos, le modèle de la sphère de Jenkin.
5/ Mivart interprète la question du temps disponible d'après W. Thomson, tout en défendant le point de vue d'une évolution dirigée.
6/ Certaines formes intermédiaires fossiles sont absentes, alors qu'on aurait pu les attendre.
7/ Certains faits de distribution géographique renforcent d'autres difficultés de la théorie.
8/ L'objection de la différence physiologique entre « espèce » et « race » (variété) n'est pas réfutée.
9/ Il existe de nombreux phénomènes remarquables sur lesquels la sélection naturelle ne jette aucune lumière, en particulier les homologies (latérales ou sérielles).
10/ Il n'est pas possible d'expliquer la « moralité », l'existence du bien, l'esprit de sacrifice, la dévotion à Dieu, en termes darwiniens. Cette objection ouvre sur les nombreux développements que Darwin consacre au cours de la même année à la question de l'évolution mentale et morale de l'Homme et des sociétés humaines.
11/ La pangenèse est pour Mivart une explication du type *obscurum per obscurius* (c'est-à-dire consistant à « éclairer » une chose obscure par une explication plus obscure encore).

De ces critiques, seule la première inquiétera vraiment Darwin : une variation ne peut être avantageuse que lorsqu'elle aboutit à une modification organique achevée, adaptée et fonctionnelle. Or, les stades commençants d'une variation ne pouvant d'emblée être détenteurs de ce degré d'utilité, ils ne peuvent donc être sélectionnés.

Darwin consacrera une partie du chapitre additionnel (VII) de la 6e édition de *L'Origine* à y répondre dans le plus grand détail. Mais il y a déjà globalement répondu dans le chapitre VI à travers ce qui deviendra en 1875, chez son disciple Anton Dohrn (1840-1909), le *principe du changement ou de la succession de fonctions*.

Un organe possède en effet plusieurs fonctions. Si l'on prend le cas d'un organe jouissant d'une fonction principale et d'une fonction secondaire, il se peut que progressivement, sous la pression des conditions, l'ordre de l'importance fonctionnelle s'inverse, et que la fonction secondaire devienne prépondérante, aboutissant à une transformation de l'organe au cours de laquelle chaque stade de modification voit croître ses avantages adaptatifs sans interruption de sa fonctionnalité générale. De même, l'argument consistant à estimer impossible la constitution, par accumulation de petites variations sélectionnées, de la perfection structuro-fonctionnelle de l'œil d'un Vertébré disparaît si l'on admet que chaque stade de complexification de cet organe a été effectivement retenu comme présentant un degré d'utilité supérieur dans l'adaptation à leurs milieux respectifs des divers organismes composant l'échelle animale. La formation des instincts spéciaux de certaines espèces (coucous, fourmis esclavagistes, abeilles) s'explique de même, non par une tendance « merveilleuse » déchiffrée à l'aide d'une grille anthropomorphique ou théologique, mais, utilitairement, par l'avantage vital, en l'occurrence reproductif, lequel est susceptible de s'investir dans des formes originales, voire apparemment paradoxales, d'organisation communautaire.

Des principales objections adressées à la théorie darwinienne, on retiendra ici deux constantes :

1/ elles se recoupent mutuellement sur le mode de la *reprise* ou du *remaniement.* Mivart, par exemple, reprend Jenkin, qui reprend Thomson, et ses objections seront elles-mêmes reprises plus tard par le zoologiste français Louis Vialleton (1859-1929), et ainsi de suite jusqu'aux critiques réitérées dans la période contemporaine, qui ont toutes, de Michaël Denton aux antidarwiniens marginaux actuels, répété d'une façon consciente ou inconsciente les mêmes objections, évidemment de moins en moins recevables et de plus en plus anachroniques en dépit de leurs efforts d'actualisation ;

2/ elles ont toutes, d'une manière plus ou moins apparente ou voilée, un arrière-fond théologique. La reconnaissance tardive par le pape Jean-Paul II de la consistance du darwinisme, si elle a manifesté un recul forcé de la théologie dogmatique et des prétentions de l'Église, a toutefois évidemment préservé – en soustrayant du processus naturel la *conscience* humaine, qu'il déclare issue d'un don transcendant – un dualisme incompatible avec toute la théorie biologique de l'évolution des facultés. Car il existe une *histoire naturelle de la conscience*, de l'intelligence et même des capacités morales, ce que Darwin, lui, avait depuis longtemps compris, expliqué et illustré.

Chapitre VIII

LES DIX DERNIÈRES ANNÉES

Après 1872, Darwin travaillera avec constance à la réédition de plusieurs ouvrages antérieurs (*Récifs de corail*, *Filiation de l'Homme*, *Variation*, *Fécondation des orchidées*). En même temps, soucieux d'approfondir certaines réflexions propres à apporter des compléments d'illustration à sa théorie, il renforcera son travail dans quelques voies de recherche déjà frayées : facultés psychiques et instincts des animaux inférieurs, fécondation végétale, opportunité des croisements, mouvement des plantes, résistance des végétaux et des semences, transport des éléments reproductifs.

Son ouvrage sur *Les Plantes insectivores* paraît en 1875 (2 juillet), suivi en novembre de l'édition en volume de son essai sur *Les Mouvements et les Habitudes des plantes grimpantes*, et en 1876 (10 novembre) d'un travail important sur *Les Effets de la fécondation croisée et de l'autofécondation dans le règne végétal*. Au cours de cette dernière année, il rédige à l'intention de sa famille son *Autobiographie*, dont son fils Francis, obéissant aux souhaits puritains d'Emma Darwin, veuve soucieuse de ne pas choquer les sentiments religieux et les personnes, inclura une version expurgée en tête du premier volume de son édition de *Life and Letters of Charles Darwin* (1887). En 1877 (6 juillet), Darwin publie son livre sur *Les Différentes Formes de fleurs dans les plantes de la même espèce*, qui approfondit la question des croisements, comme le fait également la seconde édition de son ouvrage sur *La Fécondation des orchidées par les insectes*.

En 1879, Darwin rédige un long essai préfaçant la traduction anglaise de la biographie de son grand-père Erasmus par Ernst Krause (1839-1903), ouvrage dont la publication en novembre déclenchera d'âpres attaques de la part d'un ancien admirateur, l'écrivain évolutionniste finaliste Samuel Butler (1835-1902), évoqué par Krause comme un esprit attardé désireux de redonner une actualité impossible aux vieilles doctrines d'Erasmus. En 1880 paraît le travail, préparé avec la collaboration de Francis, sur *La Faculté motrice des plantes*. L'année suivante, Darwin doit s'engager dans la querelle autour de la vivisection, qu'il défend au nom des avancées de la physiologie et de la sauvegarde des vies humaines, tout en recommandant la plus grande « humanité » envers les animaux – sentiment dans lequel *La Filiation de l'Homme* reconnaissait déjà « l'une des dernières acquisitions morales ». Le 10 octobre 1881, un mois et demi après la mort de son frère Erasmus Alvey (26 août), paraît son dernier livre, *La Formation de la terre végétale par l'action des vers, avec des observations sur leurs habitudes*, qui tente de mettre en lumière l'action géologique transformatrice que ces animaux exercent au cours de longues périodes ainsi que l'existence chez eux, au-delà de l'instinct, d'une forme embryonnaire d'intelligence acquisitive révélée par leur comportement.

L'année 1882 laissera à Darwin le temps de présenter ses travaux sur l'action de certaines substances chimiques sur les tissus végétaux, sur la dispersion géographique des Bivalves d'eau douce, sur le comportement animal ; de préfacer en outre une édition anglaise de l'ouvrage d'August Weismann *Studies in the Theory of Descent* et une autre d'un livre de Hermann Müller (1829-1883) – le frère de Fritz –, *The Fertilisation of Flowers*, qui paraîtra l'année suivante. Le 19 avril, il s'éteint dans sa demeure de *Down House*. Sans doute aurait-il vécu plus longtemps sans l'épuisement périodique que lui avait procuré pendant quatre décennies la maladie de Chagas (trypanosomiase transmise par la morsure toxique d'une punaise du genre *Reduvius*), contractée au cours de son voyage en Amérique du Sud. Une semaine plus tard, le 26, accompagné par sa famille, par ses plus proches amis scientifiques, mais aussi par des représentants de l'aristocratie victorienne et par une foule de personnalités très diverses réunies pour honorer en lui à la fois un savant éminent, un homme de progrès et un citoyen demeuré toujours formellement respectueux des valeurs traditionnelles, il est glorieusement inhumé sous les voûtes de l'abbaye de Westminster.

Chapitre IX

LE DARWINISME ET LA BIOLOGIE MODERNE

Le siècle qui a suivi la mort de Darwin a produit les avancées les plus remarquables de l'expérimentation et de la théorie biologiques. Sans cesser d'être la cible de la lutte idéologique défensive des théologiens et des tentatives concordistes du spiritualisme philosophique et de la théologie naturelle (Henri Bergson et Pierre Teilhard de Chardin peuvent être respectivement considérés comme des représentants « modernes » de ces dernières tendances), le transformisme – c'est-à-dire la théorie de la dérivation des espèces à partir d'ancêtres communs –, dans sa version darwinienne ou néolamarckienne, a fini par s'imposer comme la seule interprétation scientifiquement acceptable des données complexes offertes à l'observation des naturalistes.

Les dernières décennies du XIXe siècle avaient à résoudre cependant d'immenses questions, dont celle de la nature des variations – laissée en suspens par Darwin qui en avait toutefois indiqué l'importance cruciale – et celle, liée, des lois de la transmission héréditaire.

I. – Weismann et le néodarwinisme

À la suite de recherches embryologiques et d'une réflexion sur la durée de vie naturelle des individus biologiques (caractère ne pouvant dépendre d'aucun déterminisme autre que l'hérédité), le biologiste allemand August Weismann (1834-1914), dans un mémoire sur l'hérédité (*Über Vererbung*, 1883), développant les thèses de Gustav Jaeger (1832-1917), produit sa théorie de la *continuité du plasma germinatif*. Comme l'avait postulé Jaeger en 1878, chaque être vivant se compose d'un *soma*, corps composé de cellules périssables et d'un *germen*, qui est l'ensemble de ses cellules « germinatives » (dites encore « germinales », ou sexuelles), et qui détient une immortalité virtuelle liée à la reproduction, dont il est l'agent. Cette distinction fondant en nature une incommunicabilité entre les cellules du corps et les cellules spécialisées qui constituent la lignée germinale, la théorie de Weismann, pour qui le « plasma germinatif », contenu dans le noyau de la cellule sexuelle, descend en ligne directe d'une cellule germinale primordiale, évacue la possibilité de la transmission héréditaire des modifications acquises par le *soma* au cours de son existence, ce qui rompt à l'évidence tout compromis possible avec le lamarckisme (et l'éloigne de ce fait des premiers travaux qu'il avait réalisés sous l'influence de Haeckel, mais aussi des concessions de Darwin à l'hérédité de l'acquis, en particulier celles que tendait à légitimer l'hypothèse provisoire de la *pangenèse*). Weismann demeura cependant un partisan extrême du sélectionnisme darwinien, situant dans le processus recombinant de l'union reproductive la source de variation nécessaire pour nourrir la dynamique sélective. Les validations expérimentales de sa théorie paraissent étranges, si l'on en croit la tradition qui veut qu'il ait coupé la queue à nombre de générations successives de rats pour vérifier une non-transmission dont la pratique humaine séculaire de la circoncision, par exemple, avait déjà amplement démontré le fait. Bien que Weismann ait nuancé sensiblement ses positions dans la dernière partie de sa carrière, la notion moderne de « cellule totipotente » est un argument de plus en faveur de la séparation *soma/germen*. Le travail de Weismann a permis de dépasser, sur la voie qui conduit aux chromosomes de Waldeyer et à la génétique future, des objections longtemps maintenues (de Herbert Spencer à William Mac Bride, d'Edmond Perrier à Alfred Giard, Félix Le Dantec, Yves Delage et Étienne Rabaud, d'Ernst Haeckel à Paul Kammerer, d'Edward Drinker Cope, Alpheus Spring Packard et Alpheus Hyatt à Henry Fairfield Osborn et William McDougall, mais aussi à Staline, Mitchourine et Lyssenko) par les néolamarckismes européen, américain et soviétique.

II. – Mutationnisme, hérédité mendélienne et darwinisme

Si le travail de Weismann, à la différence de celui du botaniste Carl von Nägeli (1817-1891) – qui, tout en partageant avec lui l'héritage de la théorie cellulaire issue de Matthias Schleiden et de Theodor Schwann, ainsi que la distinction entre deux formes de lignées cellulaires dans la constitution des êtres vivants, était demeuré assez imprégné de lamarckisme et de recherche des causes mécaniques pour négliger l'importance des résultats formels que Mendel lui avait transmis –, a permis un affranchissement réel de la théorie de l'hérédité, d'autres biologistes, tel le botaniste Hugo De Vries (1848-1935), ont participé d'une façon encore plus directe à l'introduction de la nouvelle science, ainsi qu'au remodelage subséquent de la théorie de l'évolution.

De Vries, spécialiste de cytologie végétale, s'était déjà intéressé aux mécanismes cellulaires de la croissance des plantes et à des expériences d'hybridation lorsqu'il découvrit en 1886 les « mutations » (en réalité des effets de recombinaison ou de polyploïdie – multiplication du nombre des chromosomes, très fréquente chez les végétaux –) de la plante *Œnothera lamarckiana*. Son souci de produire une explication de l'indépendance des caractères constatée chez les hybrides aboutit trois ans plus tard à la publication de sa *Pangenèse intracellulaire*, qui propose, sous un titre clairement inspiré de Darwin, une théorie particulaire de l'hérédité où les gemmules sont remplacées par les *pangènes*, supports et véhicules des caractères héréditaires, reproductibles, situés dans le noyau cellulaire et composés de molécules chimiques. Lors de la fécondation (fusion des noyaux cellulaires), chaque participant transmet ses pangènes, à chacun desquels correspond un caractère. L'expression d'un caractère est liée au passage d'un pangène vers le cytoplasme. Ainsi, tout le protoplasme vivant – même le plus primitif – est constitué de pangènes, actifs ou inactifs. Il est le lieu du développement des caractères, tandis que le noyau – où sont représentés à l'état latent tous les types de pangènes – est celui de leur transmission.

Rompant comme Weismann avec l'idée lamarckienne d'une transmission de caractères acquis, De Vries rejette cependant *de facto* l'idée d'une séparation radicale du germinal et du somatique. Chez Darwin, le cadre du transfert des gemmules était l'organisme entier. Chez De Vries, ce transfert a lieu dans le cadre étroit de la cellule. À côté de la simple variation fluctuante dépendant de la proportion variable des différents types de pangènes, la « mutation », créatrice de nouvelles espèces, provient de la dissemblance accidentelle des deux nouveaux pangènes issus par division d'un pangène-père – et de ses conséquences transformatrices sur les caractères visibles de l'organisme. La variation brusque *(saltation)* se substitue, pour De Vries, à l'accumulation graduelle des petites variations, qui était pour Darwin le procédé majeur des transformations évolutives.

Cette théorie devait préparer De Vries à la fameuse « redécouverte » des lois de Mendel (publiées par le moine morave en 1866, mais passées inaperçues ou négligées pendant un tiers de siècle) – redécouverte dont on le gratifie ordinairement, en soulignant qu'elle fut indépendante de celles qu'effectuèrent à la même époque, isolément, le botaniste allemand Carl Correns (1864-1933) et son homologue autrichien Erich von Tschermak (1871-1962). Elle se produit en 1900, avec, pour ce qui concerne De Vries, la publication, en France et en Allemagne, de courts articles tels que celui intitulé « Sur la loi de disjonction des hybrides »[1], où il expose l'équivalent de la loi mendélienne de ségrégation des caractères et inaugure la génétique moderne. Celle-ci réinstalle une vision préformationniste des transformations organiques qui va s'opposer tendanciellement à l'épigenèse mécaniste dont s'inspirait jusqu'alors, de Lamarck à Haeckel, l'ensemble du grand discours évolutionniste.

1. *Comptes rendus de l'Académie des sciences*, 130, 1900, p. 845-848.

La redécouverte des lois de Mendel va être suivie d'une accélération de la recherche expérimentale et théorique sur les mécanismes de l'hérédité, avec les travaux du Danois Wilhelm Johannsen (1857-1927), inventeur du terme de « gène » et de la distinction entre *génotype* et *phénotype*, et de l'Américain Thomas Hunt Morgan (1866-1945), qui commence en 1910 ses expériences sur les mutations des drosophiles, lesquelles vérifient les lois mendéliennes et confirment le mutationnisme, en concluant vers 1917 à la négation de la fonction créatrice de la sélection naturelle, cantonnée dans un rôle secondaire d'élimination ou de conservation des variations. S'il est clair que le génotype ne peut être affecté par les influences reçues de l'extérieur, la valeur sélective d'une mutation ne saurait toutefois être indépendante d'un *milieu* au sein duquel cette dernière se révèle avantageuse ou désavantageuse.

Dès 1902, William Bateson (1861-1926) avait publié une défense des principes de l'hérédité de Mendel et entamé une croisade en faveur de la science nouvelle, en particulier contre le gradualisme des biométriciens darwiniens de l'école de Pearson, lui-même héritier de Galton et d'un darwinisme réduit et réinterprété, qui défendaient quant à eux la théorie de l'hérédité mélangeante *(blending inheritance)*, compatible avec la théorie de l'accumulation des petites variations. Cette bataille dura jusqu'à ce que fussent mis en lumière expérimentalement, par Hermann Joseph Muller (1890-1967) et Lewis John Stadler (1896-1954), en 1926, les mécanismes de la mutagenèse, mais peut être considérée comme théoriquement achevée, dans le sens d'une conciliation avec les développements mêmes de la recherche sur l'action des gènes : mise en évidence du contrôle polygénique des caractères, étude expérimentale de la sélection, découverte des gènes modificateurs, de l'influence de l'environnement sur l'expression phénotypique, de la pléiotropie (un seul gène contrôlant plusieurs caractères), du contrôle des caractères quantitatifs par plusieurs paires de gènes exerçant une action allélique additionnelle, tous éléments aboutissant à intégrer dans l'édifice mendélien des effets identiques à ceux d'une hérédité mélangeante. Au début des années 1920, la contradiction n'a plus lieu de subsister, et les conditions sont réunies pour une reviviscence de la théorie sélective darwinienne intégrant les données de la génétique.

III. – La théorie synthétique de l'évolution

La fameuse « crise du transformisme » qui, dans un contexte de spécialisation accélérée des disciplines biologiques, agita la communauté des chercheurs concernés par l'évolution était donc le fruit de trois antagonismes majeurs : celui qui opposait les néodarwiniens (lesquels, avec Weismann, rejetaient l'hérédité des caractères acquis) aux néolamarckiens (qui la maintenaient comme condition du changement évolutif) ; et celui qui opposait les partisans mutationnistes de la génétique mendélienne aux « darwiniens » (principalement les biométriciens issus de l'École de Galton et Pearson) adeptes de la conception orthodoxe d'une évolution graduelle par sélection de petites variations. Il est à peine besoin d'évoquer enfin l'opposition frontale entre les néolamarckiens et les généticiens, les premiers usant leurs forces à tenter de prouver expérimentalement l'hérédité de certaines caractéristiques ou habitudes acquises. Le premier et le dernier de ces conflits devaient se résoudre par la défaite objective du néolamarckisme devant la génétique. Le second allait se résorber, comme nous venons de l'indiquer, par l'effet des progrès de cette même science, notamment à travers l'avènement de la génétique des populations ou génétique évolutive.

Mais il importe de noter que le « néodarwinisme » de Weismann était déjà, à travers sa rupture avec le néolamarckisme et à travers ses intuitions sur l'origine de la variabilité dans la recombinaison sexuelle, en accord potentiel avec la future science de l'hérédité. Le nom de « néodarwinisme », que l'on étend souvent à la « théorie synthétique », au lieu d'être un simple anachronisme, porte peut-être la trace de cette « préadaptation ».

1. **Génétique des populations, biométrie, darwinisme : la synthèse fishérienne.** – La génétique des populations étudie les fréquences des gènes nouveaux (allèles) issus de mutations au sein de populations d'individus appartenant à une espèce, et les variations éventuelles de ces fréquences, source de variabilité donnant prise à la sélection. En 1908, sans communiquer entre eux, le mathématicien anglais Godfrey Harold Hardy (1877-1947), sous l'impulsion du généticien Reginald Crundall Punnett (1875-1967), et le gynécologue allemand Wilhelm Weinberg (1862-1937) montrèrent par des calculs appropriés que dans une population où la reproduction s'effectue au hasard (panmixie), et dans des conditions idéales (effectif illimité, aucune mutation, aucune sélection, aucune migration), la composition génétique des différentes générations successives sera stable (équilibre de Hardy-Weinberg). Cette découverte ne sera exploitée

qu'à partir des années 1920, lorsque trois biologistes également isolés, les Anglais Ronald Aylmer Fisher (1890-1962) et John Burdon Sanderson Haldane (1892-1964), et l'Américain Sewall Wright (1889-1988), appliqueront l'outil statistique à l'étude génétique des populations.

En 1918, Ronald Aylmer Fisher, biométricien darwinien d'obédience galtonienne, mais ouvert à la génétique mendélienne, publie un article qu'il s'est vu refuser par Pearson pour la revue *Biometrika*. Dans cet article, Fisher réinterprète l'évolution à partir du mendélisme. La suite de ses travaux aboutit, en 1930, à leur synthèse dans l'ouvrage intitulé *The Genetical Theory of Natural Selection*. C'est le mécanisme de l'hérédité mendélienne qui rend compte de l'équilibre de Hardy-Weinberg (stabilité transgénérationnelle de la fréquence des variants), lequel alimente la sélection. Le travail théorique de Fisher embrassera une foule d'autres sujets, tous importants pour l'évolution : évolution de la dominance sous l'action de gènes modificateurs, évolution du sexe ; vigueur hybride ; génétique et écologie ; équation entre l'accroissement de la valeur sélective *(fitness)* d'une population et sa variance génétique (« théorème fondamental de la sélection naturelle ») ; mimétisme, etc. Sa passion eugéniste, héritée de Galton, si elle a pu susciter nombre de ses découvertes, a cependant jeté sur le caractère de sa pensée et de son travail un double voile d'erreur et de discrédit.

2. **L'apport de Haldane.** – Entre 1924 et 1934, le biochimiste, biométricien et généticien anglais John Burdon Sanderson Haldane va, tout en confirmant les résultats principaux de Fisher, leur apporter des correctifs et des développements dont certains déboucheront

sur le travail expérimental. Fisher estimait que les processus évolutifs révélaient leur maximum d'efficacité à l'intérieur de vastes populations. Haldane pensait au contraire que la spéciation présentait une plus haute probabilité au sein des populations plus petites, position qui concordait avec celle qu'allait argumenter de son côté S. Wright. Dans la première partie (1924) de son long travail intitulé « A Mathematical Theory of Natural and Artificial Selection », il s'attache à déterminer mathématiquement l'intensité de sélection minimale requise pour assurer le mélanisme de la phalène du bouleau *(Biston betularia)* dans les régions industrielles anglaises. Presque trente ans plus tard, en 1953, l'entomologiste anglais H. Bernard D. Kettlewell (1907-1978) publiera la vérification expérimentale de ces prévisions en mettant en évidence par comptage le fait que les mutants noirs de ce papillon, moins repérables par les oiseaux sur les supports noircis des zones industrielles, survivaient en grand nombre, à l'inverse de la souche claire, plus repérable et devenue victime de la prédation. L'observation naturaliste confirmait ainsi un calcul mathématique et convergeait avec lui pour corroborer l'efficacité du processus sélectif. Les travaux de Haldane sur la fixation d'un gène mutant dans une population, sur les mutations délétères, sur la consanguinité et sur le coût de la sélection constituent autant d'avancées remarquables du darwinisme moderne, qui soumet à la sélection le matériau mutationnel. Membre du parti communiste entre 1942 et 1950, il prit position dès 1938 contre le racisme et mit en garde contre l'eugénisme.

3. **Wright et la dérive génétique.** – D'abord spécialisé dans la génétique physiologique, formé à l'École

morganienne aux côtés de William Ernest Castle (1867-1962), Sewall Wright expérimente sur le pelage du cochon d'Inde, matériel qui avait permis à ce dernier d'obtenir une maîtrise génétique de la variation graduelle conduite par sélection artificielle. Il publie sa thèse en 1916 et participe à la mise en évidence de l'action des gènes modificateurs (1919). Mais il a sans doute compris avant 1915 l'importance de l'interaction génique. C'est comme généticien zootechnicien attaché à l'amélioration du bétail qu'il examinera à partir de cette date les questions de consanguinité (en particulier chez les bœufs *Shorthorn*, qui intéressaient déjà Darwin). Il prend connaissance des travaux de Fisher, mesure des corrélations gamétiques, évalue l'effet alterné de la reproduction consanguine et des croisements. Il doute alors de la pertinence de la représentation fishérienne des grandes populations panmictiques comme cadre de prédilection de l'action sélective dans la nature et construit sa propre théorie entre 1925 et 1931. Elle requiert des populations de taille plus restreinte, au sein desquelles et entre lesquelles opèrent les phénomènes de consanguinité, de croisement, de mutation, de sélection, de migration et de dérive aléatoire (fluctuation au hasard aboutissant à la fixation ou à la disparition d'un allèle indépendamment de sa valeur adaptative). C'est un équilibre mobile entre ces facteurs qui assure à chaque instant la structure génétique des populations, la sélection agissant à l'intérieur des groupes et entre les groupes en intégrant le facteur de la dérive. C'est la *shifting balance theory* (« théorie de l'équilibre fluctuant »). Ce modèle inspirera aussi bien les créateurs darwiniens de la théorie synthétique, tels Theodosius Dobzhansky (1900-1975), Ernst Mayr (1904-2005) et

George Gaylord Simpson (1902-1984), que leurs adversaires neutralistes (James Franklin Crow [né en 1916], Motoo Kimura [1924-2000], Jack Lester King [1934-1983] et Thomas H. Jukes [1906-1999]), les paléontologues promoteurs du modèle des équilibres intermittents *(punctuated equilibria)*, Niles Eldredge (né en 1943) et Stephen Jay Gould (1941-2002), partisans d'une alternance de périodes d'évolution accélérée et de périodes de stase longue, ou encore les travaux du Français Maxime Lamotte sur les populations de l'escargot des haies *Cepaea nemoralis*.

4. **Teissier, L'Héritier et les cages à population.** – En 1933, deux biologistes français, Georges Teissier (1900-1971) et Philippe L'Héritier (1906-1994), mettent au point le dispositif expérimental qui va leur permettre de confirmer la validité de la théorie sélective darwinienne tout en vérifiant son accord avec les calculs de la génétique mathématique des populations.

Ils fabriquent des cages dans lesquelles ils élèvent des mouches du vinaigre (drosophiles) en ajustant la quantité de nourriture à la survie de 3 000 individus. La drosophile se reproduit en trois semaines et chaque couple produit plus de 100 œufs. La mortalité doit donc être très forte à chaque génération. On mêle alors deux populations différant seulement par une mutation aisément repérable : une population « Œil Bar » (diminution du nombre des facettes oculaires), et une population « sauvage » composée d'individus « Œil normal ». Si la mortalité n'est pas le fruit du hasard, on doit pouvoir assister à un phénomène de survie différentielle et à la mise en évidence d'un avantage vital propre à l'une des deux populations en présence. On assiste alors à la disparition tendancielle du caractère « Bar ». Pour d'autres mutations, telle « ebony » (pigmentation noire), on assiste à l'établissement d'une quasi-stabilité alors que le nombre des mutants est encore élevé.

La sélection naturelle ne fait donc pas qu'éliminer les déviants, mais peut dans certains cas maintenir la variabilité génétique. Dobzhansky en tirera son idée de polymorphisme équilibré, assurant une sélection adaptative constante. Teissier et L'Héritier, au terme d'autres expériences, mirent également en évidence le fait que les chances de survie des larves « Bar » augmentaient sensiblement lorsque celles-ci étaient devenues rares dans la population de la cage. C'est le fameux « avantage du rare » dont l'interprétation biologique fut développée ensuite par Claudine Petit, qui, comparant les courbes théoriques et celles issues des résultats obtenus en laboratoire, mit en lumière d'une part l'existence parallèle d'une sélection larvaire et d'une sélection sexuelle en faveur des mâles « sauvages » aux fréquences élevées, et d'autre part une sélection sexuelle plus favorable aux « Bar » devenus rares. L'ensemble du travail scientifique développé autour des cages à populations (ou démomètres) dans le monde entier donnait ainsi une formidable consistance aux concepts darwiniens, tout en activant la convergence entre l'observation naturaliste, l'expérimentation de laboratoire et la mathématisation de la biologie, sur la voie d'un darwinisme moderne.

5. **La « synthèse moderne ».** – Évoquant le conflit entre, d'une part, l'option saltationniste des premiers généticiens (William Bateson, Hugo De Vries, Wilhelm Johannsen), leur réductionnisme et leur rejet de la sélection naturelle, et d'autre part les choix

holistes (c'est-à-dire considérant la totalité, en l'occurrence l'organisme individuel ou les systèmes écologiques) des naturalistes, Ernst Mayr, l'un des artisans de la « théorie synthétique de l'évolution », résume ainsi son émergence comme reconnaissance et ajustement mutuels des disciplines appelées à collaborer dans l'explication des phénomènes évolutifs :

« Il a semblé pendant longtemps qu'aucune compréhension mutuelle ne pouvait s'établir entre les camps opposés, en particulier les généticiens réductionnistes et les naturalistes, plutôt holistes. Pourtant, en quelques années, de 1936 à 1950, un large accord fut réalisé. Ce fut possible lorsque plusieurs groupes de généticiens (Morgan, East, Baur) insistèrent sur l'importance des très petites mutations, tandis que d'autres (Fisher, Haldane et Wright) démontraient leur valeur sélective, et que des naturalistes systématiciens adoptaient la génétique et introduisaient les idées de la systématique populationnelle dans la génétique évolutive (Četverikov et ses étudiants, Timofeev-Resovskij, Dobzhansky). Le moment était venu d'une réconciliation, et l'on parvint à une sorte de consensus parmi les disciplines naguère rivales. Dans les pays anglophones, le nouveau mouvement fut impulsé par la publication en 1937 de l'ouvrage de Dobzhansky, *Genetics and the Origin of Species*, suivie des travaux de Julian Sorell Huxley (1942), Ernst Mayr (1942), George Gaylord Simpson (1944) et George Ledyard Stebbins (1950). Dans les pays de langue allemande, un mouvement parallèle fut conduit par les publications de Nikolaj Vladimirovič Timofeev-Resovskij (1942) et de Bernhard Rensch (1947).

« Il en résulta ce que Huxley appela la *synthetic theory*. C'était simplement une confirmation des principes de base du darwinisme, non pas une révolution, mais plutôt l'unification d'un champ de bataille, jusqu'alors sévèrement divisé, par l'information mutuelle et le développement d'une matrice interdisciplinaire. Parmi les doctrines les plus caractéristiques de la théorie synthétique, citons : l'hérédité est particulaire (non mélangeante) et d'origine exclusivement génétique (pas d'hérédité des caractères acquis) ; il y a une énorme variabilité dans les populations naturelles ; l'évolution se déroule dans des populations distribuées géographiquement ; l'évolution procède par modification graduelle des populations ; les changements dans les populations sont le résultat de la sélection naturelle ; les différences observées entre des organismes sont, pour une grande part, des adaptations ; la macro-évolution n'est que la prolongation avec le temps de ces mêmes processus qui contrôlent l'évolution des populations.

« L'acceptation de ces idées nécessitait la réfutation des trois théories antidarwiniennes les plus répandues : saltationnisme, lamarckisme et orthogenèse[1]...

« La sélection naturelle fut considérée comme un processus en deux temps. Dans le premier temps, une quantité considérable de variation génétique est produite par mutation et recombinaison, tandis que le second temps, la sélection, au sens restreint, consiste en la survivance et la reproduction des quelques individus les mieux adaptés.

« La sélection n'est ni un processus finalisé ni un processus déterministe, mais elle est influencée aux deux étapes par des processus stochastiques (hasard).

1. Évolution rectilinéaire dirigée, avec ou sans finalisme.

La variation génétique est aléatoire en ce sens qu'elle n'est ni induite par des conditions d'environnement spécifiques, ni une réponse aux besoins de l'organisme. Cependant, bien entendu, elle est étroitement contrainte car il y a peu de degrés de liberté dans le type de variation génétique possible pour n'importe quelle sorte d'organisme à n'importe quel moment.

« Le pluralisme, c'est-à-dire le fait de trouver plusieurs solutions différentes aux mêmes besoins adaptatifs d'un organisme, est tout à fait caractéristique de l'évolution darwinienne. La sélection naturelle utilise toujours les variations disponibles dans le génotype qui seraient les plus utiles. Comme l'a dit F. Jacob, l'évolution "bricole". Cependant, à tous les changements de l'environnement (arrivée de nouveaux ennemis, ouverture de nouvelles niches, apparition de nouveaux organismes pathogènes, etc.), il est répondu par des changements adaptatifs. »[1]

Sous l'influence du travail de Mayr, en dépit de nombreuses discussions, les « synthéticiens » tendront à privilégier une conception de la formation de nouvelles espèces (spéciation) liée à l'existence de barrières géographiques. C'est le mécanisme, considéré comme dominant, de spéciation allopatrique (ou géographique), dont l'idée avait déjà été défendue par le naturaliste et géographe allemand Moritz Wagner (1813-1887) dès 1841, puis en 1868 dans un ouvrage *(Migrationsgesetz)* où il exposait sa « loi de migration », suivant laquelle une nouvelle espèce ne pouvait naître que d'une portion détachée d'une population de

1. E. Mayr, art. « Théorie synthétique de l'évolution » du *Dictionnaire du darwinisme et de l'évolution*, Paris, PUF, 1996.

l'espèce mère (une « population fondatrice ») se développant à l'abri d'une barrière d'isolement. Les données de la génétique moderne des populations montrent que l'échantillon fondateur ne pouvant, du fait de sa petite taille, être totalement représentatif de la diversité génétique de l'ensemble de la population souche, il s'ensuivra un effet de « révolution génétique » producteur de la divergence évolutive.

Le « concept biologique de l'espèce » popularisé par Mayr, et qui, pour ce qui le concerne, remonte (au moins) à Buffon, met lui aussi l'accent sur l'isolement reproductif, dont les mécanismes sont d'ailleurs multiples.

Dans une période plus récente, les acquis remarquables de la biologie moléculaire ont conduit à une confirmation générale du transformisme comme théorie de la descendance modifiée : « L'analyse phylogénétique des familles de macromolécules, écrit Vadim A. Ratner, telles que les fragments d'ADN (gènes, espaceurs...), les ARN, les peptides et les protéines, est un moyen extrêmement puissant pour étudier la microévolution moléculaire et pour établir la taxonomie moléculaire en biologie. Les méthodes de cette analyse sont suffisamment justifiées et élaborées. Elles nous donnent la possibilité d'édifier des arbres phylogénétiques commençant par quelques individus apparentés, puis reliant des espèces proches, et finissant par englober la taxonomie générale du monde vivant. »[1]

1. V. A. Ratner, art. « Biologie moléculaire et évolution » du *Dictionnaire du darwinisme et de l'évolution*, Paris, PUF, 1996.

IV. – L'objection neutraliste

La théorie synthétique a été discutée au cours des années 1980 à travers une argumentation essentiellement mathématique qui s'est intitulée « théorie neutraliste de l'évolution moléculaire ». Ses fondements empruntent du reste aux mêmes théoriciens qui ont permis de construire la théorie synthétique.

R. Fisher, reprenant l'idée de A. L. Hagedoorn, démontre que dans une petite population, la succession de la ségrégation mendélienne, lors de la méiose, et de la fusion des gamètes entraîne la perte aléatoire de certains allèles par rapport à d'autres (1921). S. Wright trouve la loi de la distribution asymptotique des fréquences géniques de ces allèles (1931, 1937, 1938). Le Français Gustave Malécot (1911-1998) traduit cette dynamique génique par un processus stochastique (*i.e.* aléatoire), et donne sa solution en fonction du temps (1945). Cette interprétation néodarwinienne décrit les conséquences dynamiques des liens qui existent entre l'enrichissement de la variabilité génétique par les mutations, et son appauvrissement par la sélection et la dérive génique fortuite.

La très grande variabilité détectée au niveau des séquences peptidiques (protéines) et des séquences nucléotidiques (ADN) conduit Motoo Kimura à privilégier extrêmement le rôle de la dérive génique fortuite (1969). Il s'en explique dans *The Neutral Theory of Molecular Evolution* (1983). Son propos est clair : « I would like to emphasize the importance of random genetic drift as a major cause of evolution. We must be liberated, so to speak, from the selective constraint posed by the neo-Darwinian (or synthetic) theory of evolution» [« J'aimerais souligner l'importance de la dérive génique fortuite comme cause majeure de l'évolution. Il nous faut être libérés, pour ainsi dire, de la contrainte sélective postulée par la théorie néodarwinienne (ou synthétique) de l'évolution »].

Le succès idéologique de cette théorie a été tout aussi important qu'il fut éphémère, et sa réfutation scientifique aisée.

John H. Gillespie montre qu'il s'agit d'un scénario mathématique parmi d'autres également explicatifs (1984). Michael George Bulmer (1973) tente d'appliquer la théorie neutraliste à l'interprétation de la structure génique d'une grande population naturelle de drosophiles. Il trouve des incohérences. Aussi, utilisant l'étude de la migration isotropique (déplacement équivalent des individus dans tous les sens) de G. Malécot (1967), Bulmer conclut que l'hypothèse du nombre infini de sites mutationnels et celle, associée, de la dérive génique fortuite ne peuvent à elles seules rendre compte des faits observés. L'échec de la théorie neutraliste tient à une raison essentielle : la modélisation mathématique conçue par Kimura est insuffisante. Ainsi, Malécot démontre qu'il n'y a pas de séparation tranchée entre les différents types de populations infinies ou finies, structurées en sous-populations (ou dèmes), contrairement aux présupposés de Kimura (1981). Michel Gillois relève l'incohérence des définitions des classes de gènes identiques (copies biochimiques sans mutation d'un même gène ancêtre) et isoactifs (gènes allèles qui ont le même niveau de fonction sur le même caractère, étant identiques ou non), et de celles des types de mutation, conduisant à des dynamiques irréalistes, ainsi que l'absence d'une prise en compte rationnelle de l'expression génique (1964, 1987, 1991).

L'épisode médiatique de la théorie neutraliste de l'évolution moléculaire est clos. La théorie synthétique de l'évolution s'éloigne à la fois du pan-sélectif de Fisher et de Haldane et du neutralisme de Kimura. Elle trouve aujourd'hui dans les travaux de Wright et de Malécot des raisons nouvelles de son pouvoir explicatif.

CONCLUSION

Le darwinisme est jeune. L'actuelle théorie synthétique – non plus que la répétition souvent inféconde de la formule classique de Jacques Monod combinant le « hasard » et la « nécessité » – ne saurait être son dernier mot. Le formidable programme interdisciplinaire inscrit dans l'ensemble de l'œuvre de Darwin et des principaux acteurs de la biologie de l'évolution n'est certes pas près d'être épuisé. Pour l'heure, on peut dire qu'aucune des grandes divisions des sciences naturelles, de l'anatomie comparée à la biochimie moléculaire en passant par la paléontologie et la génétique, de l'écologie à l'éthologie en passant par l'étude de la vie microbienne et virale, n'est étrangère à l'héritage darwinien, ni ne saurait se soustraire à la production convergente de confirmations nouvelles de la dynamique darwinienne des changements évolutifs.

Les modes antidarwiniennes, voire antitransformistes (telles que la reviviscence du vieux discours créationniste sous des travestissements indéfiniment remaillés) reviennent périodiquement, ce qui signe leur caractère idéologique, en avançant des objections plus que centenaires. Si leur niveau scientifique inexistant les condamne aux yeux des spécialistes, le soutien qu'elles puisent dans des résistances ancestrales et organisées leur permet d'exercer néanmoins leur influence – en particulier aux États-Unis – sur un public insuffisamment instruit ou qui ne souhaite pas l'être.

Une mise en scène rendue courante par certaines évolutions « spectaculaires » de l'information scientifique consiste à opposer des antidarwiniens plus ou moins ouvertement créationnistes à de faux darwiniens (de type très généralement « sociobiologiste ») censés représenter dans cette controverse l'engagement évolutionniste le plus authentique. La plupart des scientifiques savent naturellement que les véritables débats sont ailleurs.

Dans l'univers scientifique, l'approbation multidisciplinaire des principes fondamentaux de l'évolution darwinienne devrait entraîner une conséquence épistémologiquement nécessaire : la théorie de l'évolution étant une théorie phylogénétique – soulignant de ce fait la nécessité du raisonnement phylogénétique lui-même comme voie unique de compréhension profonde des phénomènes biologiques observables –, l'ensemble de la biologie moderne, en tant qu'étudiant dans chacune de ses régions un certain ordre de *conséquences* de l'évolution, devrait reposer sur la connaissance et sur la théorie de celle-ci comme sur son socle intellectuel indispensable et légitime.

Cette perspective, qui s'oppose au réductionnisme impliqué par les cloisonnements trop souvent installés entre des disciplines biologiques dont la destination devrait être, à l'inverse, une compénétration mutuelle productive, est celle qu'illustre l'œuvre considérable, qui demeure en grande partie à découvrir, du grand biochimiste espagnol Faustino Cordón (1909-1999), lequel, à partir et autour de l'étude de l'évolution du métabolisme cellulaire, a construit, en termes d'émergences évolutives sélectionnées, la plus forte théorisation actuelle des niveaux d'intégration du vivant.

BIBLIOGRAPHIE

Bocquet Ch., Génermont J., Lamotte M. (dir.), « Les problèmes de l'espèce dans le règne animal », *Mémoires de la Société zoologique de France*, nos 38-40, 1976, 1977, 1980.

Chiesura G., *Charles Darwin geologo*, Benevento, Hevelius Edizioni, 2002-2004, 2 vol.

Cordón F., *Tratado evolucionista de biología*, Madrid, Anthropos, 1990.

Darwin Ch., *The Works*, Ed. Pickering & Chatto, 29 vol.

– *L'Origine des espèces*, Éd. Tort, Paris, ICDI/Champion Classique, 2009.

– *La Variation des animaux et des plantes à l'état domestique*, Genève, ICDI/Slatkine, 2008.

Dobzhansky Th., *Genetics and the Origin of Species*, New York, Columbia Univ. Press, 1937.

Fisher R. A., *The Genetical Theory of Natural Selection*, Oxford, Clarendon Press, 1930.

Galton F., « Hereditary Talent and Character », *MacMillan's Magazine*, juin et août 1865.

– *Hereditary Genius*, Londres, MacMillan, 1869.

Haldane J. B. S., « A Mathematical Theory of Natural and Artificial Selection », *Trans.*, puis *Proc. of the Cambridge Philos. Soc.*, 1924-1934.

Huxley J. S., *Evolution: the Modern Synthesis*, Londres, Allen & Unwin, 1942.

Malécot G., *Les Mathématiques de l'hérédité*, Paris, Masson, 1948.

Mayr E., *Animal Species and Evolution*, Cambridge (Mass.), Harvard Univ. Press, 1963.

Mivart St G. J., *Genesis of Species*, 1871.

Simpson G. G., *Tempo and Mode in Evolution*, New York, Columbia University Press, 1944.

Spencer H., *Autobiographie*, précédée de « Spencer et le système des sciences », par P. Tort, Paris, PUF, 1987.

Tort P., *La Pensée hiérarchique et l'Évolution*, Paris, Aubier, 1983.

– (dir.), *Dictionnaire du darwinisme et de l'évolution*, Paris, PUF, 1996, 3 vol., XIV-4862 p. Ouvrage couronné par l'Académie des sciences. Articles : Altruisme (G. Guille-Escuret/J. Gervet), Antidarwinisme (P. J. Bowler), Anthropologie darwinienne (P. T.), Bateson (P. T.), Baur (B. Rupp-Eisenreich), Biologie moléculaire et évolution (V. A. Ratner), Biogéographie (Ph. Janvier), Biométrie (J. Gayon), Bricolage de l'évolution (F. Jacob), Carrel (P. T.), Četverikov (V. Babkov), Civilisation (P. T.), Compensation – Technologies de – (P. T.), Consanguinité (P. T./M. Gillois), Continuisme/Discontinuisme (P. T.), Cordón (Ch. Cunchillos), Correns (B. Rupp-Eisenreich), Croisements (P. T.), Darwin (M. Ghiselin), Darwin – Chronobibliographie de – (P. T.), Darwinisme allemand (B. Rupp-Eisenreich), Darwinisme anglo-saxon (M. Di Gregorio), Darwinisme espagnol (D. Núñez), Darwinisme français (G. Molina), Darwinisme italien

(G. Landucci), Darwinisme russe (V. Babkov), Darwinisme et évolutionnisme philosophique (P. T.), Darwinisme social (D. Becquemont), De Vries (Ch. Lenay), Dobzhansky (D. Dreuil), Domestication (P. T.), Écologie (V. Labeyrie), Effet réversif de l'évolution (P. T.), Équilibres ponctués (Ch. Devillers), Espèce (E. Mayr), Espinas (A. La Vergata), Eugénisme (D. Becquemont), Évolution – Système de l' – (P. T.), Évolution des organismes (J.-P. Gasc), Fisher (J. Gayon). *Fitness* (M. Gillois), Fondateur – Principe du – (J. Génermont), Fréquences géniques – Variations des – (M. Gillois), Galton (Ch. Lenay), Génétique (G. Montalenti), Génétique des populations (J. Génermont), Génétique des populations et darwinisme en France (Cl. Petit), Gradualisme (P. T./Y. Carton), Haeckel (B. Rupp-Eisenreich), Haeckel – Chronobibliographie de – (P. T.), Haldane (F. Zimmermann), Hardy-Weinberg – Loi, principe ou équilibre de – (J. Génermont), Henslow (P. T.), Hooker (P. T.), Hunt (B. Rupp-Eisenreich), Huxley – T. H. – (Di Gregorio), Huxley – J. S. – (D. Dreuil), Instincts sociaux (P. T.), Jaeger (B. Rupp-Eisenreich), James (P. T.), Johannsen (P. T.), Lamarck (G. Laurent), Lutte pour l'existence (P. T.), Lyell (G. Laurent), Lyssenko (J.-M. Goux, P. Roubaud), Malécot (M. Gillois), Malthus (J. Dupâquier) et Addition (P. T.), Manuscrits de Darwin (J.-M. Goux), Marx-Engels et Darwin (B. Naccache), Mayr (Ch. Devillers), Mélanisme industriel (Ch. Devillers/Y. Guy), Mendel (Ch. Lenay), Mimétisme (M. Boulard), Monisme (P. T.), Morgan (P. T.), Muller (D. Dreuil), Müller (P. T.), Nägeli (Ch. Lenay), Nature/Culture (Y. Quiniou) et Addition (P. T.), Néodarwinisme (D. Dreuil), Néolamarckisme (A. La Vergata), Neutralisme (M. Gillois), Œil (M. Delsol), Organicisme (P. T.), Owen (Di Gregorio). Pearson (D. Becquemont/J. Gayon), Progrès (P. T.), Récifs coralliens (Ch. Devillers), Religion (P. T.), Rensch (B. Rupp-Eisenreich), Révolution génétique (J. Génermont/M. Delsol), Romanes (P. T.). Sélection artificielle (P. T.), Sélection naturelle (P. T.), Sélection sexuelle (P. T.), Simpson (Ch. Devillers), Sociobiologie (G. Guille-Escuret), Spéciation (J. Génermont), Spencer (P. T.), Superorganisme (G. Guille-Escuret), Survivance du plus apte (D. Becquemont), Sympathie (P. T.), Théorie synthétique de l'évolution (E. Mayr), Timofeev-Resovskij (V. Babkov), Transformisme (P. T.), Tschermak (B. Rupp-Eisenreich), Vacher de Lapouge (A. Béjin), Variation (P. T.), Voyage d'un naturaliste (P. T.), Wagner (E. Mayr), Wallace (G. Molina), Weismann (Ch. Lenay), Wright (J. Gayon), Zoologie (Ch. Devillers).
- *Darwin et la science de l'évolution*, Paris, Gallimard, « Découvertes », 2000.
- *La Seconde Révolution darwinienne (Biologie évolutive et théorie de la civilisation)*, Paris, Kimé, 2002.
- *Darwin et la Philosophie (Religion, morale, matérialisme)*, Paris, Kimé, 2004.
- *L'Effet Darwin (Sélection naturelle et naissance de la civilisation)*, Paris, Le Seuil, 2008.
- *Darwin n'est pas celui qu'on croit*, Paris, Le Cavalier Bleu, 2010.
- *Darwin et la Religion*, Ellipses, 2011.

Wright S., *Evolution and the Genetics of Populations*, Univ. of Chicago Press, 1978.

Les textes de Darwin figurant dans ce volume ont été traduits par l'auteur.
Site Web de l'Institut Charles Darwin International: www.darwinisme.org

TABLE DES MATIÈRES

Introduction 3

Chapitre I – **La constitution de la théorie darwinienne** 5

I. Les années de formation, 5 – II. Principales étapes et observations du voyage sur le *Beagle*, 9 – III. Conséquences scientifiques du voyage, 14 – IV. L'épisode Malthus, 16 – V. Les années d'élaboration, 21.

Chapitre II – **L'origine des espèces et la sélection naturelle** 26

I. Variation domestique et sélection artificielle, 26 – II. La théorie de la variation en 1859, 28 – III. Taux reproductifs et équilibres du vivant : nécessité d'une régulation par la lutte, 36 – IV. Succès, polémiques et nouveaux développements, 43.

Chapitre III – **Illustrations et extensions naturalistes de la théorie** 47

I. *La Variation des animaux et des plantes à l'état domestique* (1868), 47 – II. La théorie de la pangenèse, 50.

Chapitre IV – **La filiation de l'homme et la sélection sexuelle** 52

I. Le transformisme darwinien étendu à l'Homme, 53 – II. L'effet réversif de l'évolution, 55 – III. La sélection sexuelle, 58 – IV. Sélection sexuelle et sélection naturelle, 59.

Chapitre V – **L'expression des émotions** 64

Chapitre VI – **Le darwinisme dénaturé : darwinisme social, sociobiologie, eugénisme** 68

I. Erreurs premières, 68 – II. Le « darwinisme social » de Spencer et l'anthropologie de Darwin, 69 – III. La civilisation, le matérialisme et la morale, 71 – IV. Galton et l'eugénisme, 76 – V. L'antiracisme de Darwin, 84.

Chapitre VII – **Objections et réponses** 88

Chapitre VIII – **Les dix dernières années** 98

Chapitre IX – **Le darwinisme et la biologie moderne** 101

I. Weismann et le néodarwinisme, 101 – II. Mutationnisme, hérédité mendélienne et darwinisme, 103 – III. La théorie synthétique de l'évolution, 107 : 1. Génétique des populations, biométrie, darwinisme : la synthèse fishérienne, 108 ; 2. L'apport de Haldane, 109 ; 3. Wright et la dérive génétique, 110 ; 4. Teissier, L'Héritier et les cages à population, 112 ; 5. La « synthèse moderne », 113 – IV. L'objection neutraliste, 118.

Conclusion 121

Bibliographie 123

Mis en pages et imprimé en France
par JOUVE
1, rue du Docteur Sauvé, 53100 Mayenne
mai 2011 - N° 680647F

JOUVE est titulaire du label imprim'vert®